新农村沼气综合利用技术

主　编　李烈柳
编著者　徐天敏　李中煜　曾智艳
　　　　李依蓉　李中焜　胡海蓉
　　　　舒秀峰　陈以淮

金盾出版社

内 容 提 要

　　本书依据最新颁布的《户用沼气池标准图集》国家标准,详细介绍了适宜我国各地农村使用的沼气系统建设模式和简单易行的施工、管理方法,并以沼气生态农业为目标,配合大量典型实例,叙述了沼气综合利用的思路和措施。主要内容包括:沼气与沼气池,沼气池的建设,沼气系统的运行和管理,沼气配套设备的安装、使用与维修,沼气生态农业模式的建设,沼气系统常用辅助机械使用与维修等。

　　本书的特点是给读者提供一些因地制宜、高效节俭办沼气的有效方法,适于农村沼气技术人员和沼气用户阅读、参考,也可作为沼气利用工作人员的培训教材。

图书在版编目(CIP)数据

新农村沼气综合利用技术/李烈柳主编．--北京:金盾出版社,2012.11
ISBN 978-7-5082-7801-8

Ⅰ.①新…　Ⅱ.①李…　Ⅲ.①农村—沼气利用　Ⅳ.①S216.4

中国版本图书馆 CIP 数据核字(2012)第 176770 号

金盾出版社出版、总发行
北京太平路 5 号(地铁万寿路站往南)
邮政编码:100036　电话:68214039　83219215
传真:68276683　网址:www.jdcbs.cn
封面印刷:北京精美彩色印刷有限公司
正文印刷:北京万友印刷有限公司
装订:北京万友印刷有限公司
各地新华书店经销
开本:705×1000 1/16　印张:12.5 字数:224 千字
2012 年 11 月第 1 版第 1 次印刷
印数:1~7 000 册　定价:31.00 元

前　言

改革开放以来,我国农村沼气事业蓬勃发展,特别是沼气池型在不断改进中更新,越来越实用、高效,并向规范化、规模化、综合化方向发展,对促进农业结构调整、增加农民收入、改善农村生态环境、提高农民生活质量起到了重要作用。

我国土地辽阔,各地的地理、气候条件相差悬殊,而沼气的生产与自然环境有直接关系。另外,农村一家一户办沼气还存在不少盲目、不合理和不规范的现象,因此,造成了许多人力、物力的浪费。我们根据最新颁布的各项与建设沼气系统有关的国家标准,以及我国各地自然环境的不同特点,并结合沼气综合利用的科学理念,编写了这本《新农村沼气综合利用技术》。希望能实实在在地帮助读者了解多项沼气综合利用技术的应用特点和最新的发展趋势,并通过大量典型实例,掌握科学、合理的设计、施工方法,建设好适合自己的沼气系统。

本书在编写过程中,得到了江西省农业厅、江西省农村能源管理站、江西省中天能源有限公司、江西晨明实业有限公司、河南省绿科新能源开发有限公司、陕西省千阳县能源站、《南方农机》杂志社、金盾出版社主办的《科学种养》杂志、《致富快报》社等单位领导,以及沼气技术专家方仁声、邹国珍、黄振侠、张志凡、俸强、熊云鹏等同志的热心支持和大力帮助。我们还特邀徐云、徐俊先生为全书审稿,李焕秋老师为本书制作图片。在此,向上述各位领导、专家和工作人员表示衷心的感谢。

由于作者水平有限,书中不妥之处在所难免,敬请读者批评指正。

作　者

目　　录

第一章 沼气与沼气池

第一节 概　述

一、沼气的用途

沼气是多种有机物,如人、畜、禽粪便和作物秸秆、青杂草、落叶、各种水生植物、酒糟、有机垃圾、生活污水等,在一定的温度、浓度、酸碱度和隔绝空气的条件下,经过各类厌氧微生物的分解代谢而产生的一种可燃气体。由于这种气体最先在沼泽地带发现,所以人们给它起名叫"沼气"。

沼气是一种常温、常压下能够燃烧的气体,用途较广。在农村,可用于炊事、照明、房屋取暖、温室保温、干燥、发电、贮粮、防蛀和果蔬保鲜等。发酵过的沼渣、沼液可用做农作物的肥料和动物饲料添加剂。

二、沼气的化学组成和理化性质

沼气是一种混合可燃性气体,主要成分是甲烷,占气体总体积的 60％～70％。其次是二氧化碳,占气体总体积的 25％～35％。除此之外,其还含有氧、氢、氮、氨、一氧化碳和硫化氢等气体,一般不超过气体总体积的 2％～5％。沼气主要成分的理化性质如下:

(1)**甲烷**　一种无色、无味的气体,化学性质比较稳定。甲烷在水中的溶解度很小,所以,通常用水封的办法来贮存沼气。甲烷的临界温度较低,液化比较困难。甲烷在空气中燃烧,其火焰的最高温度约 2000℃,每 1 米³ 纯甲烷的热值为 35822.6 千焦。按甲烷在沼气中含量为 60％～70％推算,每 1 米³ 沼气的热值为 21493.5～25075.8 千焦。

(2)**二氧化碳**　二氧化碳在水中的溶解度很大。为提高沼气中甲烷含量和热值,可以利用石灰水来吸收沼气中的二氧化碳,形成碳酸钙沉淀。

(3)**硫化氢**　有毒气体,有恶臭味,一般占沼气含量的千分之几。硫化氢经燃烧后被氧化成硫或二氧化硫,失去臭味,毒性减轻。现在的沼气用户都使用了脱硫器,硫化氢基本上被过滤了,使用的沼气是安全的。

三、制取沼气的基本条件

(1)**严格的厌氧环境**　指建造密闭的沼气发酵池。沼气菌怕氧(只能在低氧条件下生长的细菌称为厌氧菌),所以,沼气池必须密闭、不漏气、不漏水、耐腐蚀。这是人工制取沼气的首要也是关键条件。如果沼气发酵池密封性能不好,哪怕有微量的氧气存在,也会使池内发酵受阻,产生的沼气很容易漏掉。

(2)**优良足够的接种物**　是指沼气池发酵所需要的、含有大量微生物的厌氧活性污泥,也称菌种。优良足够的接种物能保证沼气发酵高效运行。接种物一般来源于老沼气池的污渣、粪坑底部的沉渣、臭水沟的污泥等。接种物的用量一般占总发酵液的30%左右。新建的沼气池必须投入优良足够的接种物,才能很好地发酵和启动。

(3)**优质的发酵原料**　人畜粪便、秸秆、青草和生活污水等有机物,都可作为沼气的发酵原料。制取沼气要经常不断地向沼气池内投放粪便、杂草、秸秆和垃圾等发酵原料,给沼气菌提供营养物质。沼气菌从池内有机物质里吸收碳素、氮素和无机盐等养料来生长和繁殖后代,进行新陈代谢并产生沼气。由于不同的发酵原料含有的有机质成分不一样,产生的沼气量也不同。农村常用沼气发酵原料(鲜料)产气量见表1-1。

表1-1　农村常用沼气发酵原料(鲜料)产气量

原料种类	1千克鲜料产气量/米³	生产1米³沼气需原料量/千克	备　注
鲜人粪	0.040	25.0	鲜　粪
鲜猪粪	0.038	26.3	鲜　粪
鲜牛粪	0.030	33.3	鲜　粪
鲜马粪	0.035	28.6	鲜　粪
鲜鸡粪	0.031	32.3	鲜　粪
鲜青草	0.084	11.9	鲜　草
玉米秆	0.190	5.3	风干态
高粱秆	0.152	6.6	风干态
稻　草	0.152	6.6	风干态

发酵原料中,人粪尿和鸡粪里含有较多的氮,牲畜粪便里含有碳和氮,农作物秸秆、青草和树叶里含有丰富的碳。因此,人工制取沼气时,必须向沼气池里投放各种发酵原料,以满足沼气菌生长的需要,对于提高产气量、保证持久产气是非常重要的。发酵原料中严禁夹带沼气抑制剂,如一些重金属离子、农药和有毒物质等。

（4）**必要的发酵温度**　沼气发酵的温度范围较大,其中,甲烷菌可以活动的温度范围是 $4℃\sim72℃$。在 $4℃\sim60℃$,温度越高,发酵速度越快,产气率越高。夏季,沼气池发酵温度一般为 $22℃\sim28℃$,产气率可达 $0.2\sim0.3$ 米^3/(日·米^3 池容);冬季,池温能保证 $15℃\sim17℃$,产气率可达 $0.1\sim0.5$ 米^3/(日·米^3 容池)。因此,作为常温发酵的农村户用沼气池,应尽量使其发酵温度保持在 $8℃$ 以上,池温低不利于发酵。

（5）**适宜的酸碱度**　沼气菌对生活环境要求比较严格,酸性或碱性太大都会影响沼气菌的活动能力。沼气菌适宜在中性或微碱性的环境中繁殖,因此,发酵液的 pH 值应控制在 $6.8\sim7.5$ 为宜,否则,沼气发酵就会缓慢,甚至不能正常工作。如沼气池在启动或运行过程中,一旦发生酸化现象,即 pH 值下降到 6.5 以下,应立即停止进料,适量回流、搅拌,待 pH 值逐渐上升恢复正常。如果 pH 值在 8.0 以上,应投入接种物,如污泥和堆沤过的粪渣,使 pH 值逐渐下降并恢复正常。

（6）**适量的发酵浓度**　沼气菌在生长、发育和繁殖过程中,不仅要"吃",还要"喝",即沼气池里有机物质发酵必须有适量的水分才能进行。为了准确掌握适量的水分,常用浓度(即干物质浓度)来表示和测定。如取 10 千克的发酵原料,经晒干后只剩下 1 千克,则这种原料的干物质(即 TS)为 10%(含水率为 90%),即干物质的浓度为 10%。一般常用发酵原料的干物质浓度如下:鲜猪粪为 18%、污泥为 22%、青草为 24%、干秸草为 80%$\sim$83%。沼气池中发酵液最适宜的干物质浓度随季节而变化,夏季可适当低些,以 6%$\sim$8% 为宜,冬季可适当高一些,以 10%$\sim$12% 为宜。

（7）**适当的搅拌**　由于沼气池内发酵原料含有 90% 左右的水分,当发酵原料中含有较多的秸草时,池内部分原料容易上浮形成浮渣,严重时会在液面上结成浮渣壳。由于浮渣壳中水分少,有机物质难以分解,不能被沼气菌所利用,致使产气量下降。在不搅拌的情况下,发酵料液明显分为 3 层,即上层为结壳层、中层为清液层、下层为沉渣层。发酵液分层不利于产气,所以,应采取搅拌措施。搅拌的目的是使其不分层,让原料与接种物均匀地分布在池内,增加微生物与原料的接触面,加速发酵速度,提高产气量。实践证明,适当的搅拌可使沼气池产气量提高 30% 左右。应每天搅拌两次,每次 20 分钟左右。必须注意,过多的搅拌对沼气池发酵也不利。

四、农村户用沼气池池型的分类

（1）**按贮气方式不同分类**　可分为水压式、浮罩式和气袋式。在实际应用中,水压式最为普遍,浮罩式次之。

（2）**按发酵池的几何形状不同分类**　可分为圆筒形池、球形池、长方形池、方池、拱形池、圆管形池、椭球形池、纺锤形池、扁球形池等，其中，圆筒形池和椭球形池应用最为普遍。

（3）**按建池材料不同分类**　可分为砖结构池、混凝土结构池、塑料（或橡胶）结构池、抗碱玻璃纤维水泥结构池、钢结构池等。在实际应用中，混凝土结构池和砖结构池最为普遍。

（4）**按沼气池埋设位置不同分类**　可分为地上式、半埋式、地下式。在实际应用中，以地下式为主。

（5）**按发酵工艺不同分类**　可分为秸秆池、纯粪便池、秸秆和粪便混合池。在实际应用中，秸秆和粪便（人、畜、禽粪便）池最为普遍，纯粪便池次之。

五、农村户用沼气池的结构

农村户用水压式沼气池一般由进料口、进料管、发酵间、活动盖、导气管、出料管、出料间（水压间）等组成。

（1）**进料管**　一般采取直管斜插方式安装，在池盖支座附近斜插于料液中，或者以一定倾斜度插于池墙 1/2 高度处，以便施工、进料顺畅，搅动方便。

（2）**发酵间**　是沼气池的主体，可分为发酵、贮气两部分。一定配料比的发酵原料在发酵部分进行发酵，其液面以上的空间部分用于贮气。

（3）**活动盖**　设置在池盖的顶部，呈瓶塞状，上大下小。活动盖可按需要开启和关闭，其主要功能如下：

①沼气池进行维修和清除沉渣时，打开活动盖，以排除池内有害气体，并便于通风、采光和操作者安全操作。

②沼气池进行大换料时，活动盖口可起到吞吐物料的作用。

③当采用土模法施工时，可作为挖取芯土的入口。

④当遇到导气管堵塞、气压表失灵等特殊情况、造成池内气压过大时，活动盖即被冲开，从而降低池内气压，使池体得到保护。

⑤当池内发酵表面严重结壳、影响产气时，可以打开活动盖，破碎浮渣层，搅动液料。

（4）**出料间**　用于贮存沼气、维持正常气压和出料。其大小和高度由沼气池气压和贮气量来决定。出料间与发酵间的连接有两种方式：

①采取中层出料时，出料间通过其安装于下部的出料管与发酵间连接。

②采取底层出料时，出料间通过其下部的出料口与发酵间直接相通。

六、农村户用沼气池的工作原理

当农村户用水压式沼气池发酵产生的沼气逐渐增多时,气压随之增高,出料间液面和池内液面形成压力差,因而将发酵间内的料液压到出料间,直至内外压力平衡为止。当用户使用沼气时,池内气压下降,出料间中的料液便压回发酵间内,以维持内外压力新的平衡。这样,不断的产气和用气,使发酵间和出料间的液面不断升降,始终维持压力平衡状态。

七、农村办沼气的发展前景

(1)能解决农民炊用燃料　农户 4 口之家,建一口容积 6 米^3 的沼气池,只要发酵原料充足,管理得好,就能解决家庭点灯、煮饭的燃料问题。煮饭不烧柴草,有利于保护国家林草资源;用沼气煮饭,清洁又卫生,大大改善了农户的居住环境和卫生状况。

(2)改善农业生产条件

①增加了肥料。办起沼气后,过去被烧掉的大量农作物秸秆和人畜粪便加入沼气池密闭发酵,即能产气,又沤制成了优质的有机肥料,扩大了有机肥料的来源。同时,人畜粪便、秸秆等经过沼气池密闭发酵,提高了肥效。

②增强作物抗旱、防冻能力,生产绿色食品。凡是施用沼肥的作物均增强了抗旱、防冻能力,提高了秧苗的成活率。由于人畜粪便及秸秆在沼气池经过密闭发酵后,沼肥中存留丰富的氨基酸、B 族维生素、各种水解酶、某些植物激素和对病虫害有明显抑制作用的物质。

③节约劳力和资金。农村办起沼气后,过去农民砍柴、运煤花费的大量劳动力就能节约下来,投入到农业生产第一线或外出务工上去,同时节约了买柴、买煤、买农药、买化肥的资金,使农户减少了日常的经济开支而得到实惠。

④有利于发展畜禽养殖。农村办起沼气后,有利于解决农村燃料、饲料和肥料,即"三料"的矛盾。促进了农村养猪、养鸡、养牛、养羊等畜牧业的发展。

(3)改善了农村环境卫生条件　农村人、畜粪便投入到沼气池密闭发酵,粪便中寄生虫卵可以减少 95% 左右,农民居住环境卫生大有改观,能有效控制和消灭血吸虫病、钩虫病等寄生虫病的发生,为搞好农村除害灭菌工作提供了一条新的途径。

(4)为实现农业现代化开辟了新的动力资源　用沼气作动力燃料,开动柴油机或汽油机用于抽水、发电、碾米、磨面、粉碎饲料等,效益显著,深受农民青睐。柴油机使用沼气的节油率一般为 70%～80%。用沼气作动力燃料,既清洁无污染,又能为国家节约石油制品,降低了作业成本。

第二节　沼气池的设计

一、沼气池的设计原则

建造沼气池应做到设计合理、结构简单、施工方便、造价低廉,严格保证建池质量,做到不漏水、不漏气,并应遵循以下原则:

(1)**"三结合"原则**　"三结合"是指沼气池、畜猪舍、厕所三者连通建造,做到人畜粪便能自动流入沼气池内。各地农村家庭建池确定池形、池容时,应综合考虑家庭人口、使用要求、发酵原料、地下水位、建池材料、施工技术等,合理选用由国家质量监督检验检疫总局 2002 年 7 月 2 日发布的曲流布料沼气池 A、B、C 型,圆筒形沼气池、椭球形沼气池、分离贮气浮罩沼气池和预制钢筋混凝土板装配沼气池、五类七型新的国家标准设计图集(详见附录)。

(2)**"圆、小、浅"原则**　"圆、小、浅"是指沼气池主池(发酵间、贮气室)的几何形状、容积和深度。圆即圆筒形沼气池受力合理,表面积小、施工方便、容易密封;小是指在满足一户用气的前提下,尽量缩小沼气池的容积,减少地面面积,实现小型高效;浅是指整个沼气池的埋置深度要浅,浅的优点是减小了挖土深度,便于避开地下水。同时,发酵液的表面积相对扩大,有利于提高产气率。沼气池最好建在地下,一般埋置深度在离地平面 30 厘米左右,即可借助池外四周土壤的压力,保证池子的质量,还有利于冬季保温,以促进原料的发酵。

(3)**工艺流程相符原则**　沼气池型的结构要符合产气工艺流程,实行自流进出料,充分发挥池容负载能力,控制发酵原料滞留期,提高产气率,达到卫生环保要求。

(4)**合理的活动盖原则**　合理设计沼气池的活动盖。活动盖安装在沼气池拱顶部的活动盖口上,其大小可通过一个人上下,便于维修者进出,一般设计直径为 65～75 厘米。

(5)**直管进料原则**　沼气池应采用直管进料,其斜度与地面成 60 度角,有利于进料,而且方便搅拌。

沼气池进、出料口应加盖,防止人畜跌进池中。既可起保温作用,又可保持环境卫生。

二、沼气池的选址

①建造沼气池应在"三结合"的前提下,在布局上做到厨房、牲畜圈、厕所和沼气池与庭院建筑相吻合,使之协调互衬,满足环境的净化和美化。

②地形应选择在土质坚实、地势高、地下水位低、背风向阳、出料方便的地方。

③要将沼气池与牲畜暖圈、厕所统一规划,相互结合,使人畜粪便能及时流入沼气池内。牲畜暖圈应坐北朝南,便于冬季采光,以提高牲畜圈圈温和沼气池池温。

④沼气池应与房屋、院墙保持一定的距离、远离人员居室的地方。

⑤沼气池应尽量避开老坑、淤泥、流沙、填土等地质复杂的地方。应远离高大树木、竹林地,防止树根、竹根伸展到池体,造成漏水、漏气。

第三节 实用沼气池设计模式

一、北方农户宅院内建池改厕设计模式

陕西省千阳县农村能源办根据一般农户宅院占地面积为 233~267 米^2,以及有后院和无后院两种情况,经过几年建池改厕实践,总结出三种农户宅院内建池改厕设计模式,供农户在规划和确定设计模式时参考。

1. 前院东南角"三结合"建池设计模式

(1)适用宅院类型 主房坐北朝南,厨房坐西面东,无后院,大门开在南院墙偏西一头的农户宅院。

(2)适用养殖规模 养猪 3~5 头,或者几头奶牛在养殖小区集中饲养,可以向院内沼气池运送牛粪的农户。

(3)"三结合"设计主要指标 沼气池占地 4.2 米×3.27 米。

①地下沼气池:池容为 8 米^3 的旋流型沼气池,出料口位于主池正西边。

②地上卫生厕所:依托南院墙东西方向建造,与出料口平行;厕台面积 1.5 米×0.9 米,厕台高出地面 0.12 米,厕所外毛高 2.2 米,屋顶流雨坡面比降 100:6,厕所门高 1.8 米,宽 0.7 米;沼液冲厕装置位于厕台内东北角,蹲便器为前孔后冲式。

③地上猪圈:围墙高 0.9 米,圈底与宅院水平,圈门开口于圈北围墙偏西一头,净宽 0.8 米;猪舍房依宅院东墙而建,面西背东,开舍门净宽 0.7 米;舍房南北长 2.38 米,东西宽 2 米,房坡 45 度左右,东高西低。

(4)施工要求

①主池放线圆心:由东院墙向西 1.5 米与由南院墙向北 1.8 米的交点为主池放线圆心,半径为 1.35 米。

②主池挖深:地面向下 2.1 米。

③双管位置:抽渣管中心与出料口中心到池圆心的夹角为 70 度,抽液管中心与出料口中心的夹角为 30 度,双管壁之间的净距离最小为 36 厘米。

④厕台拖板尺寸:东西 1.1 米,南北 1.06 米;蹲便器下粪口插孔直径 1.1 米,孔心位于南北中心与由东向西 0.9 米之交点处;托板东北一头预留抽液管缺口,托板厚 0.06 米。

⑤厕台托板下面的水解池:四边砌砖墙体,其中东池墙宽 0.24 米,其他三墙宽 0.12 米;池高与蓄水圈颈基高 18 厘米点相平;其池底为斜漏斗形,斜至进料池西墙底边,底部安装 160PVC 联通管;抽液 110PVC 管在厕台下面的部分,要用细沙浆浇严加固,不漏水、不漏气。

2. 后院东北角"两结合"建池设计模式

(1)适用宅院类型　主房坐北面南,厨房坐西面东,有后院,宽 4 米左右,大门开在南院墙偏东一头的农户宅院;奶牛房占据宅院西北角,中间是农具房;前后院之间有 1.3~1.5 米通道的农户宅院。

(2)适用养殖规模　养殖奶牛两头,不养猪。

(3)"两结合"设计主要指标　沼气池占地 4.6 米×3.15 米。

①地下沼气池:池容为 8 米^3(2 头奶牛)或 10 米^3(3 头奶牛)的旋流型沼气池,出料口位于主池正西边。

②池上卫生厕所:依托东院墙与北院墙,南北方向建造,与出料口成直角关系;厕台面积 1.5 米×0.9 米,厕台高出地面 0.12 米,厕房外毛高 2.2 米,屋顶流雨坡面比降 100:6,厕门高 1.8 米,宽 0.7 米;沼液冲厕装置位于厕台内西南角,蹲便器为前孔后冲式;安装蹲便器时,有排便孔的一头放在北面,使用时,人面向南厕门,背朝北。

③地上奶牛圈:奶牛粪便由进料口送下,厕所粪便经连通管送入进料池(进料池与奶牛圈不连通的目的,是限制奶牛粪尿大量入池,预防发酵料酸化和发酵不彻底);抽渣池和进料池上沿应高出地平面 6 厘米,池上地面用混凝土硬化。

(4)施工要求

①主池放线圆心:8 米^3 池型的圆心,为由东院墙向西 2.25 米与由北院墙向南 1.8 米的交点,半径为 1.35 米;10 米^3 池型的圆心,为由东院墙向西 2.4 米与由北院墙向南 1.95 米的交点,半径为 1.5 米。

②主池挖深:地平面向下 2.1 米。

③双管位置:抽渣管中心与出料口中心到池圆心的夹角为 70 度,抽液管中心与出料口中心的夹角为 160 度左右;冲厕细管南北较长,抽液管位于厕台内西南角。

④厕台拖板尺寸:南北 1.1 米,东西 1.06 米;蹲便器下粪口插孔直径 1.1 米,孔心位于东西中心与由南向北 0.7 米之交点处,托板厚 0.06 米;抽渣管不通过托板。

⑤厕台下面的水解池:四边砌砖墙体,墙宽 0.12 米;池高与蓄水圈颈基高 18 厘米点相平,其池底为斜漏斗形,斜至水解池北墙底边,底部安装 160PVC 管与进料池相连通;厕台下的抽液 110PVC 管要用细沙浆浇严加固,不漏水、不漏气。

3. 后院西北角"三结合"建池设计模式

(1)适用宅院类型　主房坐北面南,厨房坐西面东,有后院,宽 3 米,大门开在南院墙偏东一头的农户宅院,前后院之间有 1.3～1.5 米通道的农户宅院。

(2)适用养殖规模　养猪 3～5 头,或几头奶牛在养殖小区集中饲养,可以向院内沼气池运送牛粪的农户。

(3)"三结合"设计主要指标　沼气池占地 4.3 米×3 米。

①地下沼气池:池容为 8 米³ 的旋流型沼气池,出料口位于主池正东边。

②池上卫生厕所:依托北院墙,东西方向建造,与出料口平行;厕台面积 1.5 米×0.9 米,厕台高出地面 0.12 米,厕所外毛高 2.2 米,屋顶流雨坡面比降 100∶6,厕门高 1.8 米,宽 0.7 米;沼液冲厕装置位于厕台内西南角,蹲便器为前孔后冲式。

③地上猪舍:围墙高 0.9 米,舍底与宅院水平,舍门开口于舍东围墙中间,净宽 1.2 米(出料口盖板宽);猪舍房依宅院西墙而建,面东背西,开舍门净宽 0.7 米;舍房南北长 2～2.5 米,东西宽 1.8 米;房坡 45 度左右,西高东低。

(4)施工要求

①主池放线圆心:由西院墙向东 1.85 米与由北院墙向南 1.65 米的交点,为主池放线圆心,半径为 1.35 米。

②主池挖深:地平面向下 2.1 米。

③双管位置:抽渣管中心与出料口中心到池圆心的夹角为 70 度,抽液管中心与出料口中心的夹角为 30 度左右,双管壁之间的净距离为 36 厘米。

④厕台拖板尺寸:东西 1.1 米,南北 1.06 米;蹲便器下粪口插孔直径

1.1 米,孔心位于南北中心与由西向东 0.9 米之交点处;拖板西南一头预留抽液管缺口,托板厚 0.06 米。

⑤厕台托板下面的水解池:四边砌砖墙体,其中西池墙体宽 0.24 米,其他三池墙宽 0.12 米,池高与蓄水圈颈基高 18 厘米点相平;其池底为斜漏斗形,斜至进料池西墙底边,底部安装 160PVC 连通管;厕台下的抽液 110PVC 管要用细沙浆浇严加固,不漏水、不漏气。

⑥进料池的长和宽:一般东西长 65 厘米,南北宽 60 厘米,池沿高出圈底6 厘米。

4. 手动式沼液冲厕的设计与安装

利用沼气池内的沼液对蹲便槽进行冲洗的装置,称为沼液冲厕装置。目前推广的旧式手动冲厕装置的缺点是外观组合不美、冲液太稠、冲力太小等。陕西省千阳县农村能源办技术人员为解决这种技术缺陷,以旋流布料型沼气池为基础进行了创新,设计了一种双管双活塞手动式沼液冲厕装置,如图 1-1 所示。

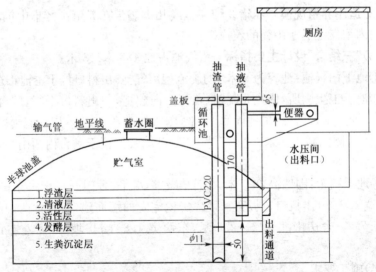

图 1-1　双管双活塞手动式沼液冲厕装置(单位:厘米)

(1)结构特点

①双管分设,各司其职。抽渣管下端开口直抵池底抽取沉渣,带动池内料液旋转搅动,克服菌种发酵盲区,提高产气率。抽液管下端开口于池底向上 50 厘米处,位于液料的清液层。当活塞上下运动时,只能抽取沼液的清液,专门用于冲厕,不增加池内水分和容积,也不会降低料液浓度,既解决了

外来水源冲厕侵占贮气室容积,也克服了稠料流速慢、冲力小的问题。

②压力充足,冲力强劲。水液流速决定于压力大小,而压力来自活塞上行时挤压和沼液自重向下的势能压力。这两种压力同时通过变径接头和横向连接管向便槽释放,就完成了冲洗粪尿的过程。

③冲液流量大,冲洗干净。抽液管与连接管截面积成 3 倍比例,一次提液可冲净 1 人的排便量。

④安装简便,结构合理,而且费用低,维修更换简便。

⑤省力省时,不影响其他功能。

(2)施工材料

①抽渣管与抽渣活塞:抽渣管 PVC 直径 110 毫米,长 2 米;抽渣活塞杆长 1.70 米,6 孔活塞钢片直径 105 毫米,软胶阀直径 110 毫米。

②抽液管与抽液活塞:PVC 抽液管,直径 110 毫米,长 1.5 米;抽液活塞杆长 1.5 米,6 孔活塞钢片直径 105 毫米,软胶阀直径 110 毫米。

③抽液变径装置:110 毫米变 50 毫米 PVC 三通一节,直径 50 毫米、长50 厘米 PVC 连接管 1 根,抽液上端套用塑料塞盖 1 个,其直径 110 毫米,中间圆心留拉杆孔 1 个,其直径 1.5 厘米。

④蹲便器:前孔后冲式蹲便器 1 个,或后孔后冲式也可以。

(3)安装技术

①抽渣管的位置:由进料管中心向出料口夹角拉直线 90 厘米,便是抽渣管在主池管上的位置,下端竖在池底圆周上,上端斜向圆周外 12 厘米,即可砌池壁并固定抽渣 PVC 管。

②抽液管的位置:抽渣管距进料管 24 厘米,便是抽液管中心位置,也就是说,双管壁实际间距为 12 厘米,即 1 立砖宽。抽液管下端,在第二圈立砖施工完成之后才开始放置,被第三圈立砖左右相夹。它距池底 50 厘米,比窑门口顶点低 10 厘米,以确保贮气室容积不受影响。抽液管上端与抽渣管平行(斜出角),必须高于连接横管上顶部。

③抽液管与布料墙:抽液管位于旋流布料墙之后,夹在布料墙与抽渣管之间。

④厕台高度与双管高低:厕台托板建成之后,放置蹲便器(前孔后冲式),把冲水口向抽液管一侧放置,将直径 50 毫米 PVC 连接管插入冲水孔之中,然后,在抽液 110PVC 管上端安装变径三通,并与横管连接。确定实际高度后,截好 110PVC 管和 50PVC 管的长度,最后安装固定。

⑤安装活塞:插入两根活塞后,立即塞好抽液管的顶塑料盖塞,然后放下预制盖板(盖板留有两个活塞杆孔)即可。这样制作,既不会在抽渣液时

溅污鞋衣,又美观卫生。

二、南方农户"三结合"沼气池设计模式

南方农户若常年养猪4~6头,一般每户建1个6~8米³的沼气池。具体设计与施工要点如下:

(1)沼气池的设计与施工 应因地制宜选用国家新标准沼气池型,如曲流布料沼气池型(附录1中图1)、圆筒形沼气池型(附录1中图10)、椭球形沼气池型(附录1中图16)和分离贮气浮罩沼气池型(附录1中图20),做到沼气池与猪舍、厕所"三结合"。沼气池离厨房的距离一般不超过30米。建池场地应选择避风向阳、土质较好、地下水位低的地方,按图样设计要求施工,聘请专业沼气利用技工建池。

(2)猪舍的设计与施工 猪舍一般选择不积水、向阳、水质好,且水源充足的缓坡地建造,其方位应坐北朝南或坐西北朝东南,偏东12度左右。猪舍基础墙为24厘米砖墙,上部墙厚18厘米,猪舍墙高230厘米,活动场墙高110厘米。猪床地面用混凝土浇筑,水泥砂浆抹平,地势高出沼气池水平面10厘米以上,并朝沼气池进料口方向呈5度倾斜。前墙一侧设置1个宽度为60厘米、高度为90~120厘米的猪门,向内侧开放。猪舍前后墙中央各设置1个宽120厘米、高100厘米、距地面90~100厘米的通风窗。如小型养猪场,按每只成年猪1.2米²的标准,在猪舍前方建活动场,地面采用混凝土浇筑,水泥砂浆抹平。猪舍可呈双排设置,中间过道宽150~190厘米,地面中间高、两侧低。猪舍外围建排粪和污水沟道,沟宽15厘米,深10厘米,沟底呈半圆形,朝沼气池方向成3~4度倾斜,以便污水流入沼气池。猪舍应建在沼气池进料口附近。

(3)厕所的设计与施工 厕所应紧靠沼气池进料口建造。蹲位地面标高应高于沼气池水平面20~30厘米。蹲位面积一般为1.5~2米²,用马赛克或釉面砖贴面。蹲位粪槽或大便器应尽量靠近沼气池进料口和水压发酵池,粪槽应用瓷砖贴面,坡度应大于60度,回流冲厕管要安装合理,可一次性将蹲位粪槽或大便器冲刷干净。

农村实施"三结合"即沼气池、厕所、禽猪舍三者连通建造,做到人畜粪便能自流入沼气池内的建池模式,既有利于产气和卫生,又有利于管理和积肥。"三结合"的建池模式很多,各地可根据宅基地地形和气温等具体情况,灵活布置在室内或室外均可。现介绍国家质量监督检验检疫总局2002年7月发布的《户用沼气池标准图集》中推荐的沼气池、厕所和禽猪舍"三结合"布置(附录1中图33),可供各地设计建池参考。

三、北方农户"四位一体"沼气池设计模式

北方沼气科技人员经不断研究创新和广大农民反复实践,在北方探索出"四位一体"生态农业建池设计模式。现介绍宁夏农村技术推广总站设计的"四位一体"建池设计模式,供北方农村建造沼气池设计参考。

(1)组成及优点　该模式由沼气池、厕所、禽猪舍和日光室组成。它的优点是:

①人畜粪便能自动流入沼气池,有利粪便管理。

②猪舍设置在日光温室内,冬季可使猪舍温度提高 3℃~5℃,促进了生猪生长,缩短肥育时间。

③猪舍下的沼气池由于日光温室的增温、保温,解决了北方地区严冬产气难和池子易冻裂的问题,年总产气量与无温室池相比提高 25%。

④高效有机肥(沼肥)增加 60% 以上。猪呼出的二氧化碳使日光温室内的二氧化碳浓度提高,有助于温室内蔬菜、瓜果的生长,达到既增产,又优质。

(2)设计布局

①建设用地:日光温室可建在农户房前、屋后或空地上,选择场地宽敞、背风向阳、没有树木遮阳的平地上。

②建设面积:日光温室的面积可依据农户庭院或空地大小而定,一般为 $100\sim200$ 米^2,其中,温室的一端建 $20\sim25$ 米^2 猪舍和厕所,猪舍下面建 $6\sim10$ 米^3 沼气池,其余为蔬菜或瓜果地。

③建设方位:日光温室应坐北朝南、东西延长。如果受条件限制,可偏东或偏西,但不宜超过 15 度。

④平面布置主要有两种:一种是沼气池建在猪舍地面下,并位于日光温室的中轴线上,有利于进料和保温。"四位一体"模式平面布置如图 1-2 所示。另一种是沼气池的出料口设在日光温室(菜地内),便于给作物施肥和出沼肥。

⑤施工顺序:先建沼气池,再建猪舍和厕所,最后建日光温室。

(3)施工要求

①沼气池的施工要求。沼气池是"四位一体"模式的核心部分,其在温室的位置、池型的选择和筑池质量都会直接影响到整体效益的发挥。

沼气池建设应因地制宜、就地取材,一般选用底层出料的水压式标准沼气池型,也可选用其他优化的池型。需要指出的是,此类沼气池应有两个进料口,若有一管采用直管进料,则进料直管应插到池体的中下部位。进料口

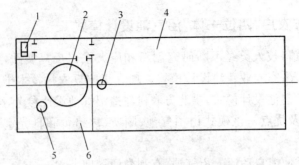

图1-2　"四位一体"模式平面布置

1. 厕所　2. 沼气池　3. 出料口　4. 日光温室　5. 进料口　6. 猪舍

要高出猪舍地面5厘米,池顶的贮水圈高出猪舍地面10厘米。

②猪舍的施工要求。为预防猪啃坏沼气管路,在猪舍施工前,要用砖砌好沼气管路通道,并以1%~2%的坡度通向温室外。

猪舍的南端距棚脚1米处建0.8米高的围墙或铁栏,以防猪拱坏棚脚。猪舍地面用水泥抹平面,并高出温室外地面20厘米;猪舍地面有2%的坡度,坡向南墙角的溢水槽;溢水槽直通棚外,以防雨水从进料口灌入沼气池。

③厕所的施工要求。厕所应紧靠沼气池进料口建造。蹲位地面标高应高于沼气池水平20厘米,蹲位面积一般为2米²,用釉面砖贴面。

蹲位粪槽或大便器应靠近沼气池进料口,粪槽应用瓷砖贴面,坡度大于60度,使回流冲厕装置可一次性将蹲位粪槽冲刷干净。

④日光温室的施工要求。日光温室是"四位一体"模式中最主要的设施。为了在严寒的冬季给制取沼气创造良好的生长和繁殖条件,必须建造一个采光、增温、保温效果好的日光温室。宁夏农村技术推广总站设计推广的带女儿墙半圆拱形日光温室如图1-3所示。它们大多采用钢架结构或竹木结构制成,其主要技术参数温室跨度为6~7米,棚顶高度为2.7~3米,后墙高度为1.6米,墙体草泥垛墙底宽为1米。

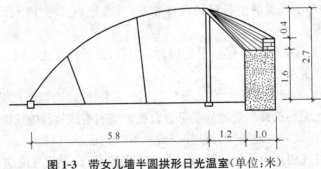

图1-3　带女儿墙半圆拱形日光温室(单位:米)

由于前棚面为半圆拱形,后墙低,后坡角大,故增加了后墙和后坡的受光时间和蓄热量。又因后坡增加了女儿墙,能装填秸秆、牧草等保温材料,从而提高了保温效果。该温室建造成本低、采光好,适宜北方就地取材建造。

(4)提高温室保温效果的措施

①设置防寒沟。在日光温室的前沿挖深 40～60 厘米、宽 40 厘米的沟,沟底铺设旧塑料膜,内填秸草或树叶等,再覆盖一层高出地面 5～10 厘米的土层。

②加盖保温帘。冬季夜间日光温室应加盖用秸草或稻草编制的长 7 米、宽 1.5 米的保温帘。实际保温效果与草帘的草质、厚薄及其疏密程度有关。为了弥补草帘保温能力不足,可在草帘下加盖 4～6 层牛皮纸制成的纸被,保温效果更好。

第二章　沼气池的建设

第一节　施工前的准备

一、建沼气池材料的选用

建造户用沼气池所用的材料,应符合建池设计标准要求,做到因地制宜、就地取材、减少运输、降低造价的原则。

(1)砖　一般选用强度等级为 MU7.5 以上、平整方正、无裂纹、不弯曲、声脆质均的砖。

(2)水泥　水泥的性能指标必须符合 GB175—2007《通用硅酸盐水泥》的规定,优先选用水泥强度标号为 325 号或 425 号的硅酸盐水泥,忌用过期变质的水泥。通用硅酸盐水泥的抗压强度、抗折强度应符合表 2-1 的规定,供建池选用水泥参考。

表 2-1　通用硅酸盐水泥的抗压强度、抗折强度(GB 175—2007)　(兆帕)

品　种	强度等级	抗压强度		抗折强度	
		3/天	28/天	3/天	28/天
硅酸盐水泥	42.5	≥17.0	≥42.5	≥3.5	≥6.5
	42.5R	≥22.0		≥4.0	
	52.5	≥23.0	≥52.5	≥4.0	≥7.0
	52.5R	≥27.0		≥5.0	
	62.5	≥28.0	≥62.5	≥5.0	≥8.0
	62.5R	≥32.0		≥5.5	
普通硅酸盐水泥	42.5	≥17.0	≥42.5	≥3.5	≥6.5
	42.5R	≥22.0		≥4.0	
	52.5	≥23.0	≥52.5	≥4.0	≥7.0
	52.5R	≥27.0		≥5.0	
矿渣硅酸盐水泥 火山灰硅酸盐水泥 粉煤灰硅酸盐水泥 复合硅酸盐水泥	32.5	≥10.0	≥32.5	≥2.5	≥5.5
	32.5R	≥15.0		≥3.5	
	42.5	≥15.0	≥42.5	≥3.5	≥6.5
	42.5R	≥19.0		≥4.0	
	52.5	≥21.0	≥52.5	≥4.0	≥7.0
	52.5R	≥23.0		≥4.5	

　　(3)砂子　按照颗粒大小不同可分为四种：平均颗粒在 0.5 毫米以上为粗砂，0.35～0.5 毫米为中砂，0.25～0.35 毫米为细砂，0.25 毫米以下为特细砂。建沼气池宜选用中砂，要求砂质含泥量不超过砂质量的 3%，含云母量不超过砂质量的 0.5%，不含草屑。

　　(4)石子　可选用卵石和碎石，其粒径为 5～20 毫米，针片状少于 15%，清洁、杂质少，含泥量少于 2%，软弱颗粒小于 10%，石子强度大于混凝土标号 1.5 倍。

　　(5)水　一般用自来水、井水、河水、塘水，忌用含泥量高的泥水来拌和混凝土。

　　(6)砌筑砂浆　其作用是将筑池用单个砖石胶结成整体，使砌体能均匀传递荷载，其强度等级一般采用 MU7.5（即 75 标号）。常用砌筑砂浆配合比见表 2-2。

表 2-2　常用砌筑砂浆配合比

种　类	砂浆标号及配合比 （质量比）	材料用量/（千克/米³）			稠　度 /厘米
		325 号水泥	石灰膏	中砂	
水泥砂浆	50#（1∶7.0）	180	—	1260	7～9
	75#（1∶5.6）	243	—	1361	7～9
	100#（1∶4.8）	301	—	1445	7～9
混合砂浆	25#（1∶2∶12.5）	120	240	1500	
	50#（1∶1∶8.5）	176	176	1500	
	75#（1∶0.8∶7.0）	207	166	1450	
	100#（1∶0.5∶5.5）	264	132	1450	

　　(7)抹面砂浆　具有平整表面、保护结构、密封和防水渗透的作用。常用抹面砂浆配合比见表 2-3。

表 2-3　常用抹面砂浆配合比

种　类	配合比 （体积比）	1 米³ 砂浆材料用量			
		325 号水泥 /千克	生石灰 /千克	中　砂 /米³	水 /米³
混合砂浆	1∶0.3∶3	361	58	0.906	0.352
	1∶0.5∶4	282	76	0.943	0.353
	1∶1∶2	397	214	0.665	0.390
	1∶1∶4	261	140	0.857	0.364
	1∶1∶6	195	105	0.977	0.344
	1∶3∶9	121	195	0.911	0.364

续表 2-3

种　类	配合比（体积比）	1 米³ 砂浆材料用量			
		325 号水泥/千克	生石灰/千克	中　砂/米³	水/米³
水泥砂浆	1：1	812	—	0.680	0.359
	1：2	517	—	0.866	0.349
	1：2.5	438	—	0.916	0.347
	1：3	379	—	0.953	0.345
	1：3.5	335	—	0.981	0.344
	1：4	300	—	1.003	0.343

(8)混凝土　由水泥、砂、碎石和水，按一定质量比配合，经过拌和、浇灌、捣固、养护和一定时间硬化而成。

①人工拌制混凝土的方法是，先将砂子倒在干净的铁板或平水泥地上摊平，将水泥、碎石倒在砂子上，两人用铲子相对干拌 3 次，混合均匀后在中心挖个凹形坑，再将 2/3 的水加入，两人用铲子相对拌和，并继续加入剩余的 1/3 用水量拌和，直至拌和均匀，使混凝土的颜色一致为止。

②用人工捣固或用电动振动器捣固混凝土时，均应全部捣出浆液，达到石沉浆出，边角处应特别注意浇、捣密实，严防出现蜂窝麻面。在混凝土中，砂、石起骨架作用称为骨料，水泥浆包在骨架表面，并填充其空隙。混凝土有很高的抗压性，但抗拉能力很弱。因此，通常在混凝土构件的受拉区，设钢筋以承受拉力。没有加钢筋的混凝土称素混凝土，加有钢筋的混凝土称钢筋混凝土。

(9)常见混凝土施工材料参考用量
①普通(卵石、中砂)混凝土施工参考配合比(手工拌和、捣固)见表 2-4。
②4～10 米³ 现浇混凝土圆筒形沼气池材料参考用量见表 2-5。
③4～10 米³ 现浇混凝土曲流布料沼气池材料参考用量见表 2-6。
④6～10 米³ 分离贮气浮罩沼气池材料参考用量见表 2-7。
⑤4～10 米³ 现浇混凝土椭球形沼气池材料参考用量见表 2-8。
⑥4～10 米³ 预制钢筋混凝土板装配沼气池材料参考用量见表 2-9。

二、建沼气池所需人员、方案的选定

(1)施工人员的选用　应聘请持县级以上培训合格证的技工建池。因为，建沼气池有自己特殊的技术要求，一般的砌筑工难以胜任此项工作。

表 2-4　普通（卵石、中砂）混凝土施工参考配合比（手工拌和、捣固）

混凝土标号	石子粒径/厘米	坍落度/厘米	水灰比	砂率(%)	材料用量/(千克/米³)				配合比(质量比)	普通水泥标号
					水	水泥	砂	石	水:水泥:砂:石	
100	0.5~2	3~5	0.82	34	180	220	680	1320	0.82:1:3.09:6.00	325
150	0.5~2	3~5	0.68	35	187	275	678	1260	0.68:1:2.46:4.59	325
150	0.5~2	3~5	0.75	35	187	249	688	1276	0.75:1:2.76:5.12	425
150	0.5~4	3~5	0.68	32	170	250	634	1346	0.68:1:2.53:5.38	325
150	0.5~4	3~5	0.75	32	175	234	637	1354	0.75:1:2.72:5.79	425
200	0.5~2	3~5	0.60	32.5	185	308	620	1287	0.60:1:2.01:4.18	325
200	0.5~2	3~5	0.65	34	185	284	658	1273	0.65:1:2.32:4.48	425
200	0.5~4	3~5	0.60	31	170	284	604	1342	0.60:1:2.13:4.73	325
200	0.5~4	3~5	0.67	31.5	171	255	622	1352	0.67:1:2.44:5.30	425

表 2-5　4~10米³现浇混凝土圆筒形沼气池材料参考用量

容积/米³	混凝土				池体抹灰			水泥素浆	合计材料用量		
	体积/米³	水泥/千克	中砂/米³	碎石/米³	体积/米³	水泥/千克	中砂/米³	水泥/千克	水泥/千克	中砂/米³	碎石/米³
4	1.257	350	0.622	0.959	0.277	113	0.259	6	469	0.881	0.959
6	1.635	455	0.809	1.250	0.347	142	0.324	7	604	1.133	1.250
8	2.017	561	0.997	1.540	0.400	163	0.374	9	733	1.371	1.540
10	2.239	623	1.107	1.710	0.508	208	0.475	11	842	1.582	1.710

表 2-6　4～10 米³ 现浇混凝土曲流布料沼气池材料参考用量

容积/米³	混凝土				池体抹灰			水泥素浆	合计材料用量		
	体积/米³	水泥/千克	中砂/米³	碎石/米³	体积/米³	水泥/千克	中砂/米³	水泥/千克	水泥/千克	中砂/米³	碎石/米³
4	1.828	523	0.725	1.579	0.393	158	0.371	78	759	1.096	1.579
6	2.148	614	0.852	1.856	0.489	197	0.461	93	904	1.313	1.856
8	2.508	717	0.995	2.167	0.551	222	0.519	103	1042	1.514	2.167
10	2.956	845	1.172	2.553	0.658	265	0.620	120	1230	1.792	2.553

表 2-7　6～10 米³ 分离气浮罩沼气池材料参考用量

池容/米³	混凝土工程				密封工程			
	体积/米³	水泥/千克	中砂/米³	卵石/米³	体积/米³	水泥/千克	中砂/米³	卵石/米³
6	1.47	396	0.62	1.25	17.60	260	0.20	1.25
8	1.78	479	0.75	1.51	21.21	314	0.24	1.51
10	2.14	578	0.90	1.82	25.14	372	0.28	1.82

注：本表系按实际容积计算，未计损耗。表中未包括"暗粪池的材料用量。

表 2-8　4～10 米³ 现浇混凝土椭球形沼气池材料参考用量

池型	容积/米³	合计					
		混凝土/米³	水泥/千克	砂/米³	石子/米³	硅酸钠/千克	石蜡/千克
椭球 A I 型	4	1.018	381	0.671	0.777	4	4
	6	1.278	477	0.841	0.976	5	5
	8	1.517	566	0.998	1.158	6	6
	10	1.700	638	1.125	1.298	7	7

续表 2-8

池型	容积/米³	混凝土/米³	水泥/千克	砂/米³	石子/米³	硅酸钠/千克	石蜡/千克
椭球 AⅡ型	4	0.982	366	0.645	0.750	4	4
	6	1.238	460	0.811	0.946	5	5
	8	1.465	545	0.959	1.148	6	6
	10	1.649	616	1.086	1.259	7	7
椭球 BⅠ型	4	1.010	376	0.654	0.771	4	4
	6	1.273	473	0.833	0.972	5	5
	8	1.555	578	1.091	1.187	6	6
	10	1.786	662	1.167	1.364	7	7

注：①表中各种材料均按产气率为 0.2 米³/(米³·天)计算，未计损耗。
②抹灰砂浆采用体积比 1：2.5 和 1：3.0 两种，本表以平均数计算。
③碎石粒径为 5~20 毫米。
④本表系按实际容积计算。

表 2-9 4~10 米³ 预制钢筋混凝土板装配沼气池材料参考用量

容积/米³	混凝土				池体抹灰			水泥素浆	合计材料用量			钢材	
	体积/米³	水泥/千克	中砂/米³	碎石/米³	体积/米³	水泥/千克	中砂/米³	水泥/千克	水泥/千克	中砂/米³	碎石/米³	12号钢丝/千克	Φ6.5钢筋/千克
4	1.540	471	0.863	1.413	0.393	158	0.371	78	707	1.234	1.413	14.00	10.00
6	1.840	561	0.990	1.690	0.489	197	0.461	93	851	1.451	1.690	18.98	13.55
8	2.104	691	1.120	1.900	0.551	222	0.519	103	1016	1.639	1.900	20.98	14.00
10	2.384	789	1.260	2.170	0.658	265	0.620	120	1174	1.880	2.170	23.00	15.00

(2)池形的选用　根据 GB/T 4750—2002《户用沼气池标准图集》的技术要求,结合农户所能提供的发酵原料种类、数量和人口数、地质水文条件、气候、建池材料的选择难易、施工技术水平等特点,因地制宜地选定池形和池容积。

(3)池址的选择　宜做到沼气池、厕所、禽猪舍三者连通建造,达到人、畜粪便能自流入池。池址与厨房的距离宜尽量靠近,一般控制在 30 米以内。尽量选择在背风向阳、土质坚实、地下水位低和出料方便的地方。

(4)备足建池材料　根据池形结构设计确定砖、砂子、碎石、水和水泥的数量进入施工现场。水泥进场应有出厂合格证或进场试验报告,并应对其品种、标号、出厂日期等检查验收,当水泥出厂超过一个月以上、对水泥质量有怀疑时,应复查试验,并按试验结果决定是否使用。水泥强度为 325 号或 425 号标号。砖应选用实心砖,应符合 GB 5101—2003《烧结普通砖》的规定,强度等级为 MU7.5 以上进场。混凝土所用砂子、石子应符合 JGJ52—2006《普通混凝土用砂石质量及检验方法标准(附条文说明)》的规定,水宜用饮用水,如自来水或井水。

(5)聘用合格的土方开挖机手　沼气池选定并在地面上标明土方开挖线后,可聘用挖掘机手采用机械开挖。据江西省新干县农村能源站,在全县 12 个建池条件成熟的新农村建设点建设沼气池 500 户中证实,该站统一规划,以施工项目村为单位,聘用了有挖土经验的小型挖掘机手,统一开挖沼气池土方,形成了毛坯池,既解决了农民外出打工缺少劳力的农户建池,又提高了全县沼气池建设速度,深受农民好评。

第二节　沼气池施工技术

农村户用沼气池施工一般分为砌块建池、整体现浇建池和组合式建池三种施工技术。

一、砌块建池施工技术

砌块包括标砖、块石、混凝土预制块等,具有成本低、施工简便、适应性强、可以常年备料和建池的特点。

1. 地面选址放线

(1)选址　兴建沼气池应在"三结合"的前提下,做到厨房、猪舍、厕所和沼气池合理布局。

(2)放线　放线是保证建池质量、掌握池体各部分轮廓尺寸的关键。放线时,除按设计图样定好主池中心位置桩外,还要在地面上划出进料口、水压间、发酵池三者外框的灰线。

2. 池坑的放线

(1)池坑的深度与坡度放线

①池坑直壁允许开挖深度。池址在有地下水或无地下水、土壤具有天然湿度的地方,池坑下壁开挖最大允许高度应符合表 2-10 的规定,并可按直壁开挖池坑。

表 2-10　池坑下壁开挖最大允许高度

土　　壤	无地下水、土壤具有天然湿度/米	有地下水
人工填土和砂土内	1.00	0.60
在粉土和碎石内	1.25	0.75
在黏性土内	1.50	0.95

②池坑开挖允许坡度。池址在无地下水、土壤具有天然湿度、土质构造均匀和池坑开挖深度,或建在有地下水,池坑开挖深度小于 3 米时可按表 2-11池坑放坡开挖比例的规定。

表 2-11　池坑放坡开挖比例

土壤	坡度	土壤	坡度
砂土	1∶1	碎石	1∶0.50
粉土	1∶0.78	粉性土	1∶0.67
黏土	1∶0.33		

(2)池坑开挖放线　在进行直壁开挖的池坑时,为了省工、省料,应利用池坑土壁做胎模。

①圆筒形与曲流布料池的上圈梁以上部位按放坡开挖的池坑放线,圈梁以下部位按模具形成的要求放线。

②椭球形池的上半球一般按主池直径放大 0.6 米放线,作为施工作业面,下半球按池形的几何尺寸放线。

③砌砖沼气池土壤好时,将砖块紧贴坑壁原浆砌筑,不留背夯位置。

④池坑放线时,先定好中心点和标高基准桩。中心点和标高基准桩应牢固不变位。

⑤池坑开挖应按照放线尺寸,不得扰动土胎模,不准在坑沿堆放重物和弃土。如遇到地下水,应采取引水沟、集水井和曲流布料池的无底玻璃瓶等排水措施,及时将积水排除,引离施工现场,做到快挖快建,避免暴雨侵袭。

3. 特殊地基处理

(1)淤泥地基　淤泥地基开挖后,应先用大块石压实,再用炉渣或碎石填平,然后浇筑 1:5.5 水泥砂浆一层。

(2)流沙地基　流沙地基开挖后,池坑底标高不得低于地下水位 0.5 米。若深度大于地下水位 0.5 米,应采取池坑外降低地下水位的技术措施,或迁址避开。

(3)膨胀土或湿陷性黄土地基　应更换好土或设置排水、防水措施。

4. 池坑开挖

一般农户沼气池的池坑开挖深度为 2 米左右,可采取人工开挖和机械开挖。

(1)人工开挖　在土质较好的情况下,人工开挖时,池坑土壁可以充当沼气池外模板,沼气池紧贴坑壁,不但能减少回填土的工程量,同时对池体结构受力很有利,缺点是施工开挖土方速度较慢。

(2)机械开挖　熟练的挖掘机手对池坑土方的开挖,能密切配合沼气建池技工按图样设计要求,又快又好挖成毛坯池,只要人工做少量土方修整即可挖成标准土池,可加速进入下一道工序作业,缺点是建池技工与挖掘机手配合不到位时,挖掘机会对池坑的圆度或深度造成超挖。

5. 池底的施工

先将池底原状土层夯实,铺设卵石垫层并浇灌 1:5.5 的水泥砂浆,再浇灌池底混凝土,要求振实,并将池底抹成曲面形状。

6. 池墙的施工

采用活动轮杆法砌筑圆柱形池墙,如图 2-1 所示。圆筒形沼气池墙高和分离贮气浮罩沼气池墙高均为 1 米。砌筑操作要点如下:

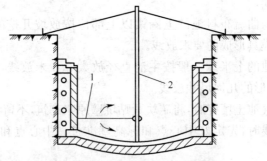

图 2-1　活动轮杆法砌筑圆柱形池墙
1. 活动轮杆　2. 中心杆

①经常用活动轮杆检测墙体内侧与中心杆的同轴度,发现偏差随时

纠正。

②选用符合规格的标准砖,砖块先浸水,保持内湿外干,其含水率10%～15%。

③选用合格的水泥、砂子和水,并配制成黏性较强的水泥砂浆。

④砖块安砌应横平竖直,内口顶紧、外口嵌牢、砂浆饱满(砖砌体的水平灰缝厚度为10毫米±2毫米,灰缝饱满度不得低于80%;竖向灰缝厚度不大于10毫米,饱满度采用挤浆法或加浆法,使其砂浆饱满),竖缝错开。

⑤砌墙砂浆应按标准规定使用,砂浆应随拌随用,在拌成后3小时内使用完毕。如施工期间气温超过30℃时,应在拌成后2小时内使用完毕,过夜砂浆绝不能再用。

⑥边砌墙体边回填土。回填墙体外侧与土模中间空隙的土时,应该不干不湿,最好在土中掺入30%～40%的碎石或卵石和石灰,再均匀夯实,一般每层铺15厘米,夯实后成10厘米。回填土相当于桶箍铁圈的作用,是砌砖块建沼气池成败的关键措施之一,必须引起高度重视。回填夯实土应在砌筑砂浆初凝前进行,边砌筑边回填,一气呵成。

7. 进、出料口的施工

进、出料口的施工应与池墙施工同时进行。

(1)进料口的施工　在进料口的下端,安装一个预制成品水泥管。之前,应将水泥管壁刷2～3道防水水泥浆,将管的密封层做好。管插入池墙部位的接合处应加厚,并与池墙成35度角,管的上端用混凝土与进料口衔接好。

(2)出料口的施工　在出料口的下端,安装一个预制成品的水泥管,管的下端插入池墙体,并与池墙成40度角,管的上端可直接与发酵池底部相通,见附录1中图35所示。若采用成品水泥管,应注意管的上、下端接缝处的施工,并在安装前管内、外壁刷2～3道防水水泥浆。

8. 圈梁的施工

圈梁是承受拱顶以上各种负荷的重要构件。浇筑池盖拱顶和池墙交界处的圈梁混凝土时,先要在砌完毕的池墙上端做好砂浆找平层,然后支模用两块弧形木板,分别置于池墙内外两侧,采用分段移动模板方式浇灌混凝土。圈梁的表面要拍紧抹光,做成所要求的斜面;砌好外围块石蹬脚,使拱盖水平推力传至老土,确保圈梁的整体性。

9. 池盖的施工

一般采用砖砌无模悬砌券拱法砌筑池盖,如图2-2所示。其操作要点如下:

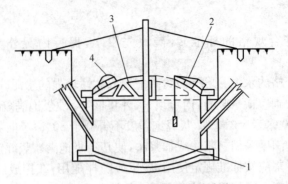

图 2-2　无模悬砌券拱法砌筑池盖

1. 中心杆　2. 吊线锤　3. 旋转靠模架　4. U 形卡

①待沼气池圈梁混凝土达到 70% 强度后,方可砌筑池盖。

②砌筑时,选用标准规格的砖,砖要内湿外干,以便砌筑时能吸收浆中的部分水分,有利于加速泥浆的凝结。

③砌筑砂浆要拌和均匀,并要配制黏性较强的砂浆。

④砌砖时,灰缝要饱满、错开,砖体要接触,上口要顶紧,下口要嵌牢,并用扇石尖或砖瓦片嵌缝隙,用砂浆摊平护面。

⑤安放砖时,要平稳牢靠。为防止初砌砖块的下落,可轮流采用钢筋 U 形卡具固定无模悬砌砖壳池盖,如图 2-3 所示,将新砌筑的砖和已砌完的前一圈砖临时固定住,每隔一块和两块设卡具一道,也可用有吊线锤直挂扶,或用木棒临时靠扶的方法。

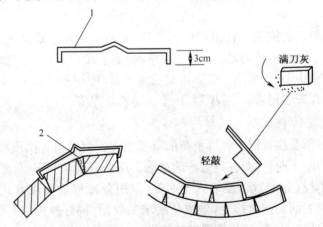

图 2-3　用 U 形卡具固定无模悬砌砖壳池盖

1. φ6mm 钢筋 U 形卡具　2. 片石

⑥为保证池盖几何尺寸的准确性,在施工时,可采用"曲率半径线"的方法,随时加以校准,以确保盖顶内面拱弧一致。注意曲率半径线应采用无伸

长变形的线,如麻绳、电线等。

⑦施工中,可随砌随抹盖顶面层砂浆,为增加盖顶壳体的稳定性,每砌筑3~4圈,盖顶面可随时回填土,摊平拍实。严禁在刚砌好的盖顶上堆放重物,或施加局部冲击负荷。

10. 贮气浮罩的施工

分离浮罩式沼气池是一种恒压、稳压的发酵装置。它的气压大小取决于浮罩的质量。水泥浮罩的质量一般应根据沼气用灯、灶具的设计额定压力要求,再加上沼气输气管路的沿程压力降来设计。设计浮罩的压力一般在2千帕(即20厘米水柱)左右。根据经验及计算,小型水泥浮罩顶板厚度一般为30~40毫米,罩壁厚度在25~30毫米即能满足强度要求。

(1)焊接浮罩骨架　1~2米³ 浮罩骨架采用DN25的水煤气管作中心套管,DN15的水煤气管作中心导向轴。3~4米³ 浮罩骨架采用DN40的水煤气管作中心套管,DN25的水煤气管作中心导向轴。套管底端比骨架低5毫米,顶端比骨架顶高15毫米,详见附录1图31和图32所示。

(2)浮罩顶板施工　首先平整场地,在场地上划一个比浮罩尺寸大100~150毫米的圆圈,用红砖沿圆周摆平,并砌规则。在圆内填满河砂压实并形成锥形,锥形高度1~2米³ 浮罩为10毫米,3~4米³ 浮罩为20毫米。在导气管处,需下陷一些,形成一个锥形,以增强导气管的牢固性。然后在上面铺一层塑料薄膜,放上浮罩骨架,校正好,按顶板设计厚度用1:2水泥砂浆抹实压平。待初凝时,撒上水泥灰,反复抹光。沿顶板边缘处,按设计尺寸切成45度斜口,并保持粗糙,以便与浮罩壁能牢固胶接。

(3)砌模　顶板终凝后,以导向套圆浮套内径为半径,用53毫米砖砌模。砖模应紧贴钢架,砌浆采用黏土泥浆。模砌至距浮罩壁口部100~120毫米时,砌模倾向套管20~30毫米,使口部罩壁加厚。模体砌好后,用黏土泥浆抹平砌缝,稍干之后刷一遍石灰水。

(4)制作浮罩壁　先将模体外缘的塑料薄膜按浮罩外径大小切除,清洗干净,在顶板圆周毛边用1:2水泥砂浆铺上100毫米。然后沿模体由下向上粉刷,厚20~30毫米。水泥砂浆要干,水灰比0.4~0.45,施工不能停顿,一次粉刷完。待罩壁初凝后,撒上干水泥灰压实磨光,消除气孔,进行养护。

(5)内密封　浮罩终凝后,拆去砖模,刮去罩壁上的杂物,清洗干净。在罩内顶板与罩壁连接处用1:1水泥砂浆做好50~60毫米高的斜边,罩壁内表用1:2水泥砂浆抹压一次,厚度为5毫米左右,压实抹光,消除气泡砂眼。终凝后,再刷水泥浆2~3遍,使罩壁平整光滑。

(6)水封池试压　将水封池内注满清水,待池体湿透后标记水位线,观察 12 小时,当水位无明显变化时,表明水封池不漏水。

(7)安装浮罩　浮罩养护 28 天后,可进行安装。将浮罩移至水封池旁边,并慢慢放入水中,由导气管排气。当浮罩落至离池底 200 毫米左右,关掉导气管,将中心导向轴、导向架安装好,拧紧螺母,最后将空气全部排除。

(8)浮罩试压　把浮罩安装好后,在导气管处装上气压表,再向浮罩内打气,同时仔细观察浮罩表面,检查是否有漏气。当浮罩上升到最大高度时,停止打气,稳定观察 24 小时,气压表水柱差下降在 3% 以内时,为抗渗性能符合要求。

①6~10 米³ 分离贮气浮罩沼气池及水封池尺寸选用见表 2-12。

表 2-12　6~10 米³ 分离贮气浮罩沼气池及水封池尺寸选用

容积/米³		6					8					10				
	产气率 /[米³/(米³·天)]	0.20	0.25	0.30	0.35	0.40	0.20	0.25	0.30	0.35	0.40	0.20	0.25	0.30	0.35	0.40
水封池	内径/毫米	1200	1200	1300	1300	1400	1250	1300	1400	1450	1500	1300	1400	1450	1550	1600
	净深/毫米	1300	1350	1400	1450	1500	1350	1400	1500	1600	1650	1450	1500	1600	1650	1700
浮罩	内径/毫米	1000	1000	1100	1100	1200	1050	1100	1200	1250	1300	1100	1200	1250	1350	1400
	净高/毫米	1000	1050	1100	1150	1200	1050	1150	1200	1300	1350	1150	1200	1300	1350	1400
	总容积/米³	0.79	0.82	1.05	1.08	1.36	0.91	1.08	1.36	1.60	1.79	1.09	1.36	1.60	1.93	2.16
	有效容积/米³	0.70	0.75	0.95	1.00	1.24	0.82	1.00	1.24	1.47	1.86	1.00	1.24	1.47	1.79	2.00

②1~4 米³ 容积的浮罩及水封池尺寸见表 2-13。

表 2-13　1~4 米³ 容积的浮罩及水封池尺寸

浮罩容积/米³	1	2	3	4	浮罩容积/米³	1	2	3	4
内径/米	1.10	1.40	1.60	1.80	水封池内径/米	1.30	1.60	1.80	2.00
高/米	1.10	1.40	1.60	1.70	水封池深/米	1.45	1.70	1.90	2.00
罩顶厚/毫米	30	30	30	30	水封池壁厚/毫米	50	50	50	50
罩壁厚/毫米	30	30	30	30	导向架高/米	0.97	1.07	1.27	1.37
钢筋保护层厚度/毫米	12	12	12	12	导向架横梁内长/米	1.50	1.80	2.00	2.20
水封池容积/米³	2	3.5	5	6.5	中心导向轴/米	2.47	2.82	3.22	3.42

③1~4 米³ 分离贮气浮罩沼气池及水封池材料参考用量见表 2-14。

表 2-14　1～4米³ 分离贮气浮罩沼气池及水封池材料参考用量

浮罩容积/米³	制作工程			刷浆工程	合计		水封池容积/米³	混凝土工程				粉刷工程		合计		
	砂浆/米³	水泥/千克	中砂/米³	水泥/千克	水泥/千克	中砂/米³		体积/米³	水泥/千克	中砂/米³	卵石/米³	水泥/千克	中砂/米³	水泥/千克	中砂/米³	卵石/米³
1	0.144	80	0.134	14	94	0.134	2	0.323	87	0.140	0.280	79	0.19	166	0.330	0.260
2	0.233	129	0.217	23	152	0.217	3.5	0.466	125	0.196	0.396	115	0.27	240	0.466	0.396
3	0.304	168	0.283	30	198	0.283	5	0.585	158	0.250	0.500	144	0.34	302	0.590	0.500
4	0.368	203	0.342	37	240	0.342	6.5	0.689	186	0.289	0.586	171	0.40	357	0.689	0.566

注：表中材料未计浮罩、水封池的钢材用量。

11. 活动盖的施工

(1)活动盖的制作　活动盖有正锥体和反锥体两种,在《户用沼气池标准图集》中均有设计。现只介绍正锥体活动盖的制作方法。

如图 2-4 所示,正锥体活动盖安装在沼气池的顶部,其形状如保温瓶塞,上面直径大,下面直径小。盖口的大小以能容纳一个成人进、出沼气池为宜,其直径为 60～70 厘米,厚度为 15 厘米左右。设置活动盖有利于人进入池内进行大换料和内部维修,有利于排出有害气体,以保障池内大换料和维修人员的安全。为使活动盖的锥体面与沼气池盖天窗口的锥孔面相匹配,安装后两者无间隙不漏气,在制作活动盖时,可先设置一个直径为 60～70 厘米塑料盆或木盆为天窗口的外模,再沿盆外侧砌立砖和水泥砂浆收天窗口,然后用一个直径相当于塑料盆的内、外锥面分别作为活动盖和天窗口的外、内锥面模具,再用钢筋混凝土浇筑成活动盖。这样制作出来的活动盖相互配合严密,密封性能良好。

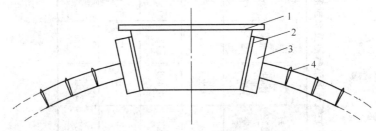

图 2-4　正锥体活动盖
1. 盆(塑、木)　2. 水泥砂浆　3. 立砖　4. 片石(掺砂浆)

(2)正锥体活动盖的密封

①先用扫帚清扫天窗口、活动盖底及圆周边的泥沙杂物,以利粘结。

②将不含砂的干黏土锤碎,筛去粗粒与杂质,按 1:(10～15)的配比将水泥与黏土拌匀后,分成大小两堆料加水拌和。小堆拌成泥浆状,大堆拌成泥团状,以"手捏成团,落地开花"为宜。

③先将拌好的泥浆分别抹在天窗口和活动盖的锥面上,再将拌好的泥团呈环条状平放在天窗口锥面的中部,再把活动盖小心塞入天窗口用脚踩紧,使之紧密贴合,最后将水泥黏土撒在活动盖与天窗口之间的间隙里,分层捶紧,填满为止。

④用水泥黏土密封活动盖后,打开沼气开关,将水灌入蓄水圈,养护 1～2 天,即可关闭开关使用。需打开活动盖时,应先钩松间隙内的密封材料,再揭开活动盖。活动盖揭开后,要放置在不易碰坏的地方存放,以免再次使用时漏气。

12. 密封层施工

沼气池密封层施工包括基层处理、池内抹面和涂料密封，三者的作用都是达到池子不漏气、不漏水。为此，应特别注意精细施工。

(1)基层处理

①混凝土基层处理是在模板拆除后，立即用钢丝刷将表面打毛，并在抹面前浇水冲洗干净。

②遇有混凝土基层表面凹凸不平时，处理方法如图 2-5 所示，如有蜂窝孔洞等现象，应根据不同情况分别进行处理。

当凹凸不平处的深度大于 10 毫米时，先用錾子剔成斜坡，并用钢丝刷刷后浇水清洗干净，抹素灰 2 毫米，再抹砂浆找平层，抹后将砂浆表面横向扫成毛面。如深度较大时，待砂浆凝固后(一般间隔 12 小时)，再抹素灰 2 毫米，再用砂浆抹至与混凝土平面齐平为止。

混凝土基层孔洞处理如图 2-6 所示。应先用錾子将松散石除掉，将孔洞四周边缘剔成斜坡，用水清洗干净，然后用 2 毫米素灰、10 毫米水泥砂浆交替抹压，直至与基层齐平为止，并将最后一层砂浆表面横向抹成毛面。待砂浆凝固后再与混凝土表面一起做好防水层。

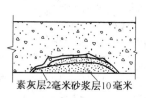

素灰层2毫米砂浆层10毫米

图 2-5　混凝土基层凹凸不平的处理

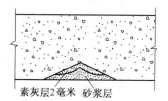

素灰层2毫米　砂浆层

图 2-6　混凝土基层孔洞处理

混凝土基层蜂窝处理如图 2-7 所示。若蜂窝麻面不深，且石子粘结较牢固，则需用水冲洗干净，再用 1∶1 水泥砂浆用力抹平后，并将砂浆表面扫毛即可。对砌筑的墙体，需将砌缝剔成 1 厘米深的直角沟槽(不能剔成圆角)。砌体缝的处理如图 2-8 所示。

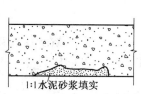

1∶1水泥砂浆填实

图 2-7　混凝土基层蜂窝处理

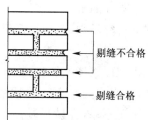

剔缝不合格

剔缝合格

图 2-8　砌体缝的处理

(2)池内抹面　沼气池采用刚性防渗层四层抹面法，其施工要求详见表

2-15,操作要点如下:

表 2-15　四层抹面法施工要求

层　次	水灰比	操作要求	作用
第一层素灰	0.4～0.5	用稠素水泥浆刷一遍	结合层
第二层水泥砂浆层厚 10毫米	0.4～0.5 水泥:砂为 1:3	1. 在素灰初凝时进行,即当素灰干燥到用手指能按入水泥浆层 1/4～1/2 时进行,要使水泥砂浆薄薄压入素灰层 1/4 左右,以使第一、二层结合牢固; 2. 水泥砂浆初凝前,用木抹子将表面抹平,压实	起骨架和护素灰作用
第三层水泥砂浆层厚 4～5毫米	0.4～0.45 水泥:砂为 1:2	1. 操作方法同第二层,水分蒸发过程中,分次用木抹子抹压 1～2 遍,以增加密实性,最后再压光; 2. 每次抹压间隔时间应视施工现场湿度大小,气温高低及通风条件而定	起着骨架和防水作用
第四层素灰层厚 2毫米	0.37～0.4	1. 分两次用铁抹子往返用力刮抹,先刮抹 1 毫米厚素灰作为结合层,使素灰填实基层孔隙,以增加防水层的粘结力,随后再刮抹 1 毫米厚的素灰,厚度要均匀,每次刮抹素灰后,都应用橡胶皮或塑料布适时收水(认真搓磨); 2. 用湿毛刷或排笔蘸水泥浆在素灰层表面依次均匀水平涂刷一遍,以堵塞和填平毛细孔道,增加不透水性,最后刷素浆 1～2 遍,形成密封层	防水、密封作用

①施工时,务必做到分层交替抹压密实,以使每层的毛细孔道大部分被切断,使残留的少量毛细孔无法形成连通的渗水孔网,保证防水层具有较高的抗渗防水性能。

②施工时,应注意素灰层与砂浆层在同一天内完成,即防水层的前两层基本上连续操作,后两层连续操作,切勿抹完素灰后放置时间过长或次日再抹水泥砂浆。

③素灰抹面。素灰层要薄而均匀,不宜过厚,否则造成堆积,反而降低粘结强度且容易起壳。抹面后不宜干撒水泥粉,以免素灰层厚薄不均影响粘结。

④水泥砂浆揉浆。用木抹子来回用力压实,使其渗入素灰层。如果揉压不透,会影响两层之间的粘结。在揉压和抹平砂浆过程中,严禁加水,否则砂浆干湿不一,容易开裂。

⑤水泥砂浆收压。在水泥砂浆初凝前,待收水 70%(即用手指按压时,有少许水润出现,而不易压成手迹)时,就可以进行收压工作。收压是用木

抹子抹光压实。收压时需掌握:砂浆不宜过湿;收压不宜过早,但也不迟于初凝;用铁板抹压时不能用边口刮压。收压一般作两道,第一道收压表面要粗毛,第二道收压表面要细毛,使砂浆密实,强度高且不易起砂。

(3)密封涂料的特性　为进一步提高沼气池贮气部位的气密性,可采用涂料密封的方法。目前,密封涂料种类很多,但大致可分为水泥砂浆(掺添加剂)和高分子涂料两大类。

①刷浆用灰浆。分为纯水泥浆、水泥掺食盐浆、水泥加三氯化铁($FeCl_3$)浆和水泥掺水玻璃(Na_2SiO_3 液态)浆等。可任选用一种交叉涂刷,反复刷匀,不遗漏、不脱落。

②面层密封涂料。近年来,我国对密封涂料新产品的研制和应用技术取得了明显进展,主要产品有氯丁胶乳化沥青复合涂料、高分子 UMP 涂料、氯磺化聚乙烯防腐涂料和船底防腐漆等,均可作池内密封使用。

上述涂料的共同特点是粘接强度高、抗渗漏能力和抗腐蚀性能好,抗老化性能和延伸性好,操作简便,价格低廉,对人体和沼气池内细菌无毒性。沼气池内墙密封层按国家标准中"三灰四浆工作法"操作。在沼气池内池拱盖贮气部分和浮罩内表面,可采用十字交叉涂刷两层性能较好的防腐漆,其密封性能好,且粘接牢固。

(4)涂料密封施工要求

①要在池墙内水泥密封层表面全干的情况下,才能进行涂料施工。

②第一遍涂刷。将毛刷用力上下涂刷,使涂料嵌入水泥表面孔隙之中,边刷边用力,并按一个方向进行。待第一遍涂料干燥后,按第一遍涂刷的垂直方向进行第二遍涂刷。

③涂刷过程中,前一刷与后一刷要适当重叠吻合,不得漏刷,不得有气泡出现。

④涂刷计量。1 千克涂料可涂刷水泥密封层 2 米²。一个 8 米³ 水压式沼气池池拱部分只需 2～2.5 千克涂料。

二、整体现浇建池施工要求

采用大开挖支模浇注法施工时,要按照选定标准沼气池的尺寸,挖掉全池土方,池墙外模利用原状土壁。池墙和池盖内模可用钢模、砖模、木模等。支模后,浇筑混凝土要连续,均匀对称,振捣密实,由下而上,一次成形。

(1)支模

①外模:曲流布料与圆筒形沼气池的池底、池墙和椭球形沼气池下半球的外模,对于适合直壁开挖的池坑,可利用池坑壁作外模。

②内模:曲流布料与圆筒形沼气池的池墙、池盖和椭球形沼气池的上半球内模,可采用钢模、砖模或木模。砌筑砖模时,砖块应浇水湿润,保持内湿外干、砌筑灰缝不漏浆。

(2)模板及其支架　模板及其支架应符合下列规定:

①保证沼气池结构和构件各部分形状、尺寸及其相应位置的正确。

②具有足够的强度、刚度和稳定性,能可靠地承受新浇筑混凝土的正压力和侧压力,以及施工过程中人员和设备所产生的荷载。

③构造简单,装拆方便,便于钢筋的绑扎、安装和混凝土的浇筑及养护等施工。

④模板接缝严密,不得漏浆。

(3)浇筑混凝土的技术要求　为使模板脱模简便和混凝土无损伤,模板表面层可涂刷石灰浆(可用石灰加水拌成糊状)或肥皂液(用肥皂切片泡水)1~2遍,以做钢模、木模和混凝土模的隔离层。浇筑混凝土的配合比应根据具体情况确定。

①混凝土施工配合比应根据设计的混凝土强度等级、质量检验、混凝土施工的难易性及尽力提高其抗渗能力的要求确定,并应符合合理使用材料和经济的原则。

②混凝土的最大水灰比不超过 0.65,每 1 米³ 混凝土最少水泥用量不少于 275 千克。

③混凝土浇筑时坍落度应控制在 2~4 厘米。

④混凝土原材料称重偏差不得超过以下规定:水泥允许偏差±2%;石子、砂石允许偏差±3%;水、加外剂允许偏差±2%。

浇注混凝土倾落度的要求:混凝土自高倾落的自由高度不应超过 2 米。

浇注混凝土气温要求:在降雪或气温低于 0℃时,不宜浇筑混凝土,如需浇筑,应采取有效措施确保混凝土的质量。

浇筑混凝土时间要求:混凝土拌和后,当气温不高于 25℃时,宜在 2 小时内浇筑完毕;当气温高于 25℃时,宜在 1.5 小时内浇筑完毕。

(4)混凝土的浇筑

①浇筑混凝土前的检查。无论采取钢模、木模或砖模,都必须检查校正,使模板尺寸与设计图样相符;检查模板表面是否涂刷隔离剂、铺设油毡或塑料膜;同时检查钢筋及预制管件是否安装齐全,位置是否正确;最后检查并清除池坑内杂物。现浇模板安装允许偏差见表 2-16。

②混凝土的搅拌。可采用机械或人工搅拌。用搅拌机搅拌时,最短时间不得少于 90 秒;用人工搅拌时,首先在池坑旁平铺一块不渗水的拌板(最

表 2-16 现浇模板安装允许偏差

项目	分项	允许偏差值/毫米	检验方法	检查点数
池与水压间标高	木模	±10	用尺量或用水准仪检查	3
	钢模	±5		3
断面尺寸		+5 −3	用尺量	3
池盖模板	曲率半径	±10	用曲率半径准绳	3

好是一块薄钢板),然后将称好的砂倒在拌板上,再将水泥倒在砂上,用铁锹反复干拌至少三遍,再将称好的石子倒入拌板拌均匀后,渐渐加入定量的水,拌至颜色均匀一致,直至石子与水泥砂浆混合,不具有分离和不均匀的现象为止。特别提醒的是,严禁在水泥地上直接拌和混凝土。

③浇筑沼气池底壳。应从壳底中心点向壳的周边对称浇筑。浇筑时,要用泥刀和泥抹将混凝土拍打夯实、密实、表面平整。池底混凝土浇筑好后,应相隔 24 小时再浇筑池墙。

④浇筑池墙。为避免给池底混凝土的质量带来影响,施工人员应站在架空铺设于池底的木板上进行操作。若无此条件,则应在池底铺上一层秸秆或稻草,以免操作时直接影响池底混凝土。在绕模环向每圈浇筑混凝土时,其高度不应大于 25 厘米,且每圈的间歇时间应尽量缩短,最长不得超过 2 小时。浇筑池墙应采用机械振捣或人工用钢钎插入混凝土中振捣,务必使混凝土拌和物通过振动,排挤出内部的空气和部分游离水,使砂浆充满石子间的空隙和混凝土填满模板四周,以达到内部密实、表面平整的目的。当利用池坑土壁作外模,浇筑池墙混凝土和振捣时一定要小心,不允许泥土掉入混凝土内,如有一小点土掉入都应立即剔除。

⑤浇筑池盖壳。应从壳的周边向壳顶中心对称浇筑。浇筑时,可用泥刀插入混凝土中夯实、夯密,用木泥抹拍打、振实、抹平表面。

特别提醒注意的是,在浇筑池墙、池底壳和池盖壳中,每一部位都必须捣实,不得漏振,一般以混凝土表面呈现水泥浆和不再沉落为合格。

⑥水平缝接处施工。池底与池墙交接处、上圈梁与池盖交接处在继续浇筑前,为使两者之间较好衔接,应先铺上一层 2~3 厘米厚与混凝土内砂浆成分相同的砂浆,以便使两者成为一体。现浇混凝土沼气池允许偏差见表 2-17。

(5)混凝土的养护 现浇混凝土沼气池浇筑后,为保证混凝土有适宜的硬化条件,防止发生不正常的收缩裂缝,沼气池混凝土必须养护,并应注意以下几点:

表 2-17　现浇混凝土沼气池允许偏差

项目	允许偏差/毫米	检验方法	检验点数
内径	+3 −5	拉线用尺量	4
外径	+5 −3	拉线用尺量	4
池墙标高	+5 −10	用水准仪检测或拉线用尺量	4
池墙垂直度	±5	吊线用尺量	4
弧面平整度	±4	用弧形尺和楔形塞尺检查	4
圈梁断面尺寸	+5 −3	拉线用尺量	4
池壁厚度	+5 −3	用尺量取平均值	4

①混凝土浇筑完毕后,应在 12 小时内加以覆盖和浇水养护,平均气温低于 5℃时,不宜浇水。

②混凝土浇水养护时,对采用硅酸盐水泥、普通硅酸盐水泥或矿渣硅酸盐水泥拌制的混凝土,不得少于 7 天;对火山灰质及粉煤灰硅酸盐水泥及掺用外加剂的混凝土不得少于 14 天。

③在夏季高温季节,浇筑混凝土 2 小时后应立即加以覆盖,以免混凝土中水分过快蒸发。养护混凝土的水,其要求与拌制混凝土时的用水相同。养护浇水次数以能保持混凝土具有足够的润湿状态为准。

④已浇筑的混凝土强度未达到设计强度 70%以上时,不得在其上面踩墙,更不能拆卸模板及支架。

现浇混凝土沼气池其他施工,如池内抹面、涂料密封等施工操作技术,可参考砌块建池施工技术中的操作要领进行。

三、组合式建池施工技术

1. 小型组合折流式沼气池施工技术

(1)小型组合折流式沼气池的特点　江西省农业厅农村能源管理站沼气工程建设科技人员,根据当地原有建造沼气池的科技成果,大胆改变地形结构、制造工艺、建材和发酵工艺,研制出了一种小型组合折流式沼气池。它适用于农村用户沼气池工厂化生产,可以搬动,占地面积小,造价低,产气率高,建池速度快,管理使用方便,受到农户欢迎。

(2)组合折流式沼气池的结构　组合折流式沼气池结构如图 2-9 所示,

池形为长方形,池体主要由两大、两小共 4 个箱体组装而成。通过上下箱体的组装错缝,实现折流工艺,料液呈"W"走向;池内砌筑了布水斗墙,使料液在池内达到均布,保证新鲜料液与菌种的允许接触;水压箱设在池顶,进、出料间安装了软管做止回阀,利用沼气池产生的动力,即产气时料液从出料管压到水压箱,用气时水压箱料液从进料管返回到池内,形成发酵料液自动单向循环;入孔盖板改顺盖为反盖等。

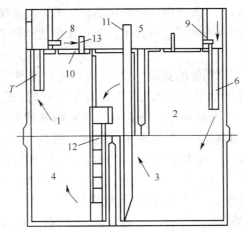

图 2-9　小型组合折流式沼气池结构

1. 上大箱　2. 上小箱　3. 下大箱　4. 下小箱　5. 水压箱　6. 进料管　7. 出料管
8. 出水止回管　9. 进水止回管　10. 入孔反盖　11. 抽渣管
12. 布水斗墙　13. 导气管

(3)组合折流式沼气池的技术参数

①地基承载力每米^2≥5 吨;

②池顶活荷载每米^2≥0.2 吨;

③水压间有效容积每日产气率≥0.4 米^3;

④池内最大气压 800 毫米水柱;

⑤最大投料量为厌氧器容积的 95%;

(4)组合折流式沼气池箱体的制作　组合式沼气池由预制钢筋混凝土箱体和进、出料管等构件装配而成。

首先按图样设计要求制好木模具。模具要求表面光洁、平整,尺寸准确,安装成长方体时,要求直角成 90 度,顶面水平,并涂刷脱模剂。箱体采用钢丝网、冷轧钢筋、水泥砂浆材料制作而成。钢丝网规格为直径 1 毫米、网格10 毫米×10 毫米;冷轧钢筋规格为直径 4 毫米;水泥砂浆标号为 Mu30;混凝土浇筑时,先要将按质量比称好的砂子、石子、水泥和水放置在铁板上用铁锹拌和三遍,拌至颜色均匀一致,直至石子与水泥砂浆没有分离与不均匀现象为止。再用铁锹把水泥砂浆铲起,轻轻平铺在清洁的制箱模具里,用泥刀、铁钎、泥抹将混凝土拍打、捣实,使水泥砂浆充满石子间的空隙,混凝土填满模板四周,以达到内部密实、表面平整。注意绑扎或焊接的钢丝网和钢筋应紧贴模具,不得外露在混凝土外层。每一部位都必须捣实,不得漏振,一般以混凝土表面呈现水泥浆和不再沉落为合格。严格控制箱体构件的厚度,一般控制在材料用量规定范围之内。构件表面抹水泥砂浆保护层,厚度控制在 2 毫米左右,不得外露钢丝网和钢筋。压模经两天保湿养护后就可以拆模,箱体另一面用水泥砂浆粉刷抹平。当箱体强度达到 70％以上时,就可移动进行吊装。

(5)组合折流式沼气池的安装　安装时,首先要按照池体的大小开挖好池坑土方。土质好的池壁要求直挖,不能直壁开挖的,视土质情况留有坡度。坑底要严格保证平整水平。遇软弱地基应做基础处理,保证地基承载力在5吨/米²以上,以防池体安装不平和池体接缝处开裂。安装前,需重新吊线检查一遍池坑尺寸和水平,检查合格后,再安装下半池一大一小两个箱体。箱体吊下后要互相顶紧,不留缝隙。安装好后要及时回填下半池土方,回填土要求层层夯实,并填实箱体与池壁之间的空隙。如填土太湿、太黏,可适当掺些砂子,清理好下半池顶面的基面,并打毛、刷一遍水泥净浆,放好接头砂浆,再开始安装上半池一大一小两个箱体。安装时,要求做到上下半池错缝,并四边对齐。装好后,用水泥砂浆勾好四周的缝隙,同时,把上半池的回填土填实压紧。将预制件进、出料管刷浆密封后安装,再进行水压箱、贮粪池等设施的施工和安装,最后为整池粉刷密封。其施工要点可参照砌块建池池内抹面和涂料密封方法进行。必须在沼气池试压检验合格后,方可砌筑池内布水斗墙,整池安装验收合格后,就可投料使用。

　2. 现浇、砌块组合式建池施工技术

　如图 2-10 所示,组合式建池法是一种池墙砖模现浇和池拱砌块相结合的方法。在北方土质较好的地区采用这种方法,具有省工、省模板、施工方便快捷、质量好的优点,普遍受到农民欢迎。

(1)按设计图施工　沼气池直径放大 24 厘米,大开挖土坑,池壁要求挖直、挖圆、池壁浇筑混凝土厚度为 12 厘米。

(2)画好池墙内圆线　依线砌砖模墙。每

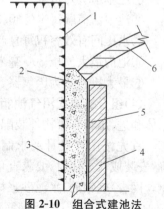

图 2-10　组合式建池法
1. 原土墙　2. 砼圈梁　3. 砼池墙
4. 砖模墙　5. 隔离膜　6. 砖拱

砌 20 厘米高砖模墙后,贴上油毡或塑料膜为隔离膜,浇筑一次混凝土,分层浇筑,分层捣固密实,不留施工缝隙。砖模的座浆,用黏性黄泥浆较好,以便脱模。

(3)**制作混凝土圈梁**　池壁与池拱的交接处,要制作 12 厘米宽、12 厘米高的混凝土圈梁,以利加固池拱。

(4)**拆模**　池墙现浇后,要经过 2~3 天拆模。拆模后,池壁要打扫干净,再进行粉刷。拆下的标砖可用来砌池拱。

(5)**砌池拱**　池拱应用标砖,并采用"无模悬砌券拱法"施工。

(6)**密封**　池内粉刷与密封参照砌块建池中池内粉刷与密封技术施工。要聘用合格的沼气技工建池。

第三节　典型沼气池施工要点

此节按国家质量监督检验检疫局发布的 GB/T 4750—2002《户用沼气池标准图集》规定,介绍几类典型的农户常用沼气池施工操作要点。

一、圆筒形沼气池施工要点

圆筒形沼气池标准图如附录 1 图 10~15 所示。这类沼气池型在我国应用历史较早,结构简单,施工容易,适用于粪便、秸秆混合原料满装料发酵工艺。

(1)**设计原则**　按照"三结合"(沼气池、厕所、畜舍相连通)、圆筒形池身、削球壳池拱,反削球壳池底、水压间、天窗口、活动盖、斜管进料、中层进出料、各口加盖的原则设计。池拱矢跨比 $f_1/D=1/5$,池底反拱 $f_2/D=1/8$,池墙高 $H_0=1.0$ 米。

(2)**材料与结构**　沼气池墙、池拱、池底、上下圈梁等采用现浇混凝土。进、出料管采用现浇混凝土或预制混凝土圆管。水压间底部采用现浇混凝土,墙用砖砌或现浇混凝土。各口盖板采用钢筋混凝土预制件。池墙和池盖也可采用砖砌结构。

(3)**施工要点**　整体现浇大开挖支模浇注法。按图样放线并挖去全池土方,先浇池底圈梁混凝土,然后浇筑池墙和池拱混凝土。池墙外模可利用原状土壁,池墙和池拱内模用钢模(不具备钢模时,可用砖模或木模)。混凝土浇筑要连续均匀对称、振捣密实、由下而上进行。池拱外表采用原浆反复压实抹光,注意养护。

若采用砖砌结构,其中,池墙砌筑采用"活动轮杆法",池盖砌筑采用"无模悬砌卷拱法"施工。

二、椭球形沼气池施工要点

椭球形沼气池标准图如附录1图16～19所示。该池形埋置深度浅、施工和管理方便,一般土质均可选用,适用于粪便、秸秆混合原料满装料发酵工艺。

(1)设计原则　池体由椭圆形曲线绕短轴旋转而形成的旋转椭球壳体构成,亦称扁球形,埋置深度浅、发酵底面积大。水压间设计为长方形,便于进出料和搅拌。

(2)材料与结构　沼气池为上、下椭球体,水压间和进、出料管的材料采用现浇混凝土,其中进、出料管也可以采用混凝土预制管。各口盖板采用钢筋混凝土预制件。

(3)施工要点　混凝土的水灰比应严格控制在 0.65 以内。浇筑下半球混凝土时,以螺旋式进行;上半球混凝土应对称均匀浇筑。当浇筑到池腰部时,应逐步增厚至 100 毫米。

三、曲流布料沼气池施工要点

曲流布料沼气池标准图如附录1图1～9所示。该池型是在"圆、浅、小"的圆筒形沼气池的基础上,经过筛选而设计出具有先进发酵工艺和池形结构的新型沼气池。其特点是池形结构合理,原料进入池内由分流布板进行半控或全控式布流,充分发挥池容负载能力,池容产气率高;造价低,自身耗能少,操作简单方便,容易推广;采用连续发酵工艺,发酵条件稳定;池底由进料口向出料口倾斜,池底部最低点在出料口底部,在倾斜池底的作用下,形成流动推力,实现主发酵池进出料自流;能够利用外力连动搅拌装置或内部气压进行搅拌,防止料液结壳。

(1)设计原则　根据池型结构,曲流布料沼气池分为 A、B、C 三种池型。A 型池为基本型;B 型池增设了可用于搅拌的中心管和有利于控制发酵原料滞留期间的塞流板;C 型池又增设了布料板,中心破壳输气吊笼和原料预处理池。以上设计有利于提高沼气池的综合性能。

(2)材料与结构　曲流布料沼气池的池墙、池拱、池底、上下圈梁的材料采用现浇混凝土。水压间圆形结构,采用现浇混凝土、方形结构、砖砌。进料管为圆管,可采用现浇混凝土,也可采用混凝土预制管。各口盖板、中心管、布料板、塞流固菌板等采用钢筋混凝土预制板,中心破壳输气吊笼为双层圆形竹编。

(3)施工要点　采用整体现浇大开挖支模浇筑法。按图样放线并挖去全池土方,先浇池底圈梁混凝土,然后浇筑池墙和池拱混凝土。池墙外模可利用原状土壁,池墙和池拱内模用钢模(不具备钢模时,可用砖模或木模)。混凝土浇筑要连续、均匀对称、振捣密实、由下而上进行。池拱外表采用原浆反复压实抹光,注意养护。

四、分离贮气浮罩沼气池施工要点

分离贮气浮罩沼气池标准图如附录1图20～32所示。该池型已不属于水压式沼气池范畴,发酵池与气箱分离,没有水压间,适用于人、畜、禽单一粪便原料的连续发酵工艺。最大投料量为沼气池容积的98%,池内气压在使用过程中稳定。

(1)设计原则　按照"三结合"(沼气池、厕所、畜舍)布置,圆筒形池身,削球壳池拱、斜底,天窗口、活动盖、池底由进料口向出料器底部倾斜,斜管进料,底层出料,上部溢流,各口加盖,池拱矢跨比 $f_1/D=1/5$,池墙高 $H_0=1.0$ 米。贮气浮罩与配套水封池(即贮粪池)的有效容积,按沼气池日产量的50%设计。

(2)材料与结构　沼气池的池墙、池拱、池底、上下圈梁采用混凝土现浇。进料管、出料器套管、进料口、回流沟、贮粪池、水封池等采用混凝土现浇或预制。溢流管采用钢筋混凝土预制或钢管,各口(沟)盖板采用钢筋混凝土预制。浮罩为钢筋混凝土结构,径高比 $D/H_0=1:1$。池墙、池盖和水封池墙也可采用砖砌结构。

(3)施工要点　发酵间、进料口、贮粪池、水封池的施工按 GB/T 4752 的要求进行。溢流管安装在发酵池的拱部,上端溢流口与拱顶齐平,并与贮粪池连接,下端位于池内最大气压时、液面以下 200 毫米处。贮粪池溢流口下口不得高于溢流管出口,出料器主要由套筒与活塞组成。

若采用砖砌结构,其中池墙砌筑采用"活动轮杆法",池盖砌筑采用"无模悬砌卷拱法"施工。

第四节　大中型沼气系统设计与施工实例

农村产业结构调整后,各地养猪、鸡、牛、羊业逐渐从千家万户分散的、落后的饲养方式开始向专业化、规模化的生产模式发展。由于生产高度集中,日常生产中所带来的大量畜禽粪尿及冲栏污水,不仅严重污染环境,而且还影响到畜禽饲养场的正常生产和发展,因此,大中型沼气工程建设提到议事日程。

一、大型沼气系统的设计与施工实例

江西省农村能源管理站方仁声(该同志是《户用沼气池标准图集》新标准的主要起草者之一)等沼气科技人员,为江西农贸联营东乡种猪场设计建造了废水厌氧净化沼气系统。

1. 东乡种猪场的基本情况

猪场选址时,考虑到卫生隔离和猪场生产环境的需要,选择在东乡县幸福水库的一个库叉边。该猪场占地 200 亩,整个场区三面环山一面临水,共建有猪舍 20 栋,年产 1 万头瘦肉型猪,是江西供应香港活鲜猪重要养猪基地之一,其中,种猪 3000 头,商品猪 7000 头,日常存栏 6000 头,总投资 600 多万元,投产后,每年可创利润 140 万元。由于猪圈卫生条件要求高,冲栏粪水量大,直接排到猪场临旁的幸福水库。幸福水库蓄水量 2250 万米^3,是东乡县一个集农业灌溉、工业生产和居民饮用水源为一体的综合性大型水库。猪场废水处理不当,将对水库造成污染,直接影响该县的工农业生产和人民的生活。为保护幸福水库不受污染,猪场自筹资金 25 万元建造大型沼气系统,要求日处理冲栏粪水量 200 吨。江西农村能源管理站沼气科技工作者对此作了精心设计与施工安排,并在发酵工艺、系统运行方式上进行了研究和探索,取得了成绩。该沼气系统于 1990 年 5 月建成,是江西省第一座以废水厌氧净化为主要目标的沼气工程。使用 20 多年来,达到了研究示范预期的目的。

2. 沼气系统的建设

(1)冲栏粪水净化工艺流程   猪场粪便和粪水采取分开处理,粪便收集起来卖给当地农民作肥料,沼气系统主要是处理冲栏粪水。冲栏粪水中的粪便流失量按 20% 考虑,量大且浓度较低。江西省能源管理站在设计上采用了已获国家发明专利的斗墙布水折流式厌氧消化装置。采用的冲栏粪水净化工艺流程如图 2-11 所示。

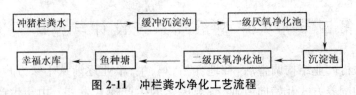

图 2-11   冲栏粪水净化工艺流程

如图 2-12 所示,废水厌氧净化过程总发酵容积设计为 460 米^3,由 5 个沼气池组成,4 个 100 米^3 的一级厌氧净化池,1 个 60 米^3 的二级厌氧净化池。设计上,每个一级池处理5栋猪栏的冲栏粪水(后根据冲栏粪水量,有一个一级池由 100 米³ 改为 60 米³),一、二级厌氧净化池均内分 4 隔。每隔内均设有一布水斗墙,废水在隔内的走向始终与活性污泥的沉淀方向相反,保证了废水与活性污泥的充分接触,达到逐级沉解的目的。废水经过一级池处理后,再进入二级池,在二级池内每隔均有生物填料,过滤后再排出。整体发酵装置是采用地下埋池,常温发酵工艺。

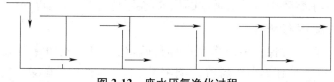

图 2-12 废水厌氧净化过程

(2)**沼气池的建池施工** 考虑到建池场地和发酵工艺的要求,沼气池型设计采用长方体。施工时,首先按图样尺寸要求将沼气池土方开挖好,然后装模采用钢筋混凝土结构现浇,密封采用水泥砂浆与水泥净浆五层刚性粉刷,试压检测池合格后,再涂1~2遍环氧沥青涂料加密。贮气浮罩采用钢丝网水泥砂浆预制件,有耐腐蚀、造价低、贮气压力高、经久耐用的特点。

(3)**自流进、出料的设计** 根据猪场有利地形条件,利用地势形成的高低差,冲栏粪水从粪沟流进沼气池不需任何动力,自流进、出,节省了泵等设备及沼气池管理上的强度。

(4)**缓冲沉淀沟的设计** 为做好冲栏粪水中沉渣和浮渣的集中处理,猪栏内、外粪沟均采用了 1‰ 坡度,使沉渣不能停留,在冲栏粪水经粪沟流到一级厌氧净化池前设置一段缓冲沉淀沟,沟底水平,长约 5 米、宽 1 米,沟底较粪沟底再挖深 300~400 毫米。在缓冲沉淀沟内,设置有数道拦浮渣和沉渣的挡墙,运行过程中,定时清渣。

(5)**接种物产生及工作程序** 工程竣工验收合格后,由于附近难以收集到菌种,采取就地培养、富集办法获得。接种时,严格控制好进料浓度和进料数量。采用先在池内加满清水,再投入接种物进行驯化,待开始产沼气并能点火烧着后,可根据产气率的提高,逐步增加投料负荷,直至正常产气。使用这种接种方法,避免了老接种法启动菌种需要量大,容易引起池内酸化和沉渣堵塞等问题,并可以有效消除冲栏猪舍消毒药品影响发酵的不利因素。

3. 沼气池的管理与维护

(1)**进料** 每天进料 3 小时,上午 8:30~10:00,下午4:30~6:00 时。为避免进料时冲击负荷过大,造成污泥流失,采用每个发酵池定时定量进料,一栋栋猪栏交叉错开放水的办法,各猪舍粪沟均设有放水阀门,冲栏粪水首先在猪舍粪沟内停留一定时间。放水时,严格控制猪舍粪沟阀门,使粪水能定量均匀流入厌氧净化池内,以保证充分在池内发酵消化。

(2)除渣　规定每星期三次清除缓冲沉淀沟内的沉渣和浮渣,保证渣不入池。现沼气池运行多年,未出现管路堵塞现象。

(3)管理维修　要经常检查沼气管道和阀门等,发现漏气要及时修理。要定时从排水装置中排除管道中的积水,要坚持定时除渣,以保管路通畅。

4.系统运行效果

①经江西省环保科研所多次取样化验,从二级厌氧净化池流出的废水流到 80 亩的鱼塘作养鱼饵料后,再排往幸福水库,达到了国家二类污水的排放标准。

②所产沼气可全年满足该场食堂 80 人用餐、用气和生产区消毒煮针的消毒用气、冬季取暖用气的要求。由于春、夏、秋三季所产沼气多,生活生产用不完,自 1993 年起将沼气用于发电,一年可节煤 70 吨、酒精 100 公斤,节电 1000 度,价值 1.8 万余元。

③从经过一级发酵后的沉淀池中取出沼肥,用于养鱼、改良土壤、种植果树等,可年增收节支近 10 万元。

④工程总投资 25 万元,沼气工程年直接经济效益 11.8 万元,扣除年运行管理费用 0.3 万元,只需 2 年多就可收回全部投资。

二、中型沼气系统的设计与施工实例

据江西省中天能源开发有限公司提供的资料表明:建造 100 米^3 沼气池,可日产沼气 40 米^3 以上,能为 30 户以上居民提供燃气,日处理粪污 2500~3000 千克,适于养 500 头猪或 100 头牛集中饲养的养殖场。

(1)100 米^3 沼气系统设计参数

①设计池容:100 米^3。

②产气率:当满足发酵工艺要求和正常使用管理条件下,每 1 米^3 池容平均日产气量≥0.4 米^3。

③贮气柜压力:2500~3900 千帕。

④强度安全系数:K≥2.65。

⑤日处理粪污:2500~3000 千克。

⑥正常使用寿命:30 年。

⑦池顶活载荷:2000 千克/米^2。

⑧地基承载力设计值:≥80 千帕。

⑨池拱覆土最小厚度：0.3 米。

⑩最大投料量为厌氧器容积：90%。

⑪抗渗等级：Sb。

(2)100 米³ 沼气系统建设内容

①发酵间：100 米³。

②调浆池：15 米³。

③贮气柜：30 米³。

④贮液池：20 米³。

⑤污泥池：5 米³。

⑥设备间：5 米³。

⑦机械设备：布料装置、破壳装置、吸渣装置、搅拌装置和脱硫装置。

(3)100 米³ 沼气系统施工要点　　100 米³ 沼气池工程施工可参照砌块建池施工法或现浇混凝土建池施工法进行，应聘请沼气专业工程队施工。江西中天能源开发有限公司可帮助农村沼气用户设计、施工、安装沼气配套设备，直至供气运行（该公司地址：江西南昌市洪都中大道 101 号，邮编330001，电话 13803549848，0791-87186122）。

三、沼气池施工的安全措施

①防止塌方。开挖池坑时，要根据土质情况，使池壁具有适当坡度，严禁挖成上凸下凹的"洼岩洞"。土质不好的，如膨胀土、湿陷性黄土、流沙土等，应采取相应措施加固。雨季施工时，要在池坑的周围挖好排水沟，避免雨水淹垮池壁。

②开采、运输砌池砖、石材料和安砌池壁时，要按照安全操作规程施工，防止砖石滑落、池壁倒塌。安砌圆形片石结构池时，要用临时支撑撑住石料。在拆卵石、砖头拱架时，要防止拱架突然塌落压伤人。拱形结构沼气池的基脚一定要牢固。在石骨子土上建池时，要认真选好池基，严防垮塌事故发生。池上与池下同时施工时，要防止砖、石及工具下落伤人。运输石料的绳索和抬杆必须坚实牢固，防止断裂伤人。

③严禁用焦煤、木炭烘烤池壁，防止发生缺氧和煤气中毒事故。

④用电灯在沼气池内施工时，要防止电器漏电、触电伤人。

⑤池内密封、粉刷前要仔细检查池顶、池壁，如有易掉落的石块等，应首先清除掉。

⑥建池工作台架要搭稳固牢，台架上东西不要放得过多，以免掉物伤人。

第五节　沼气池质量的检查与验收

新建的沼气池和大换料后，经保养维修后的旧池，在使用前，都必须经过检查、验收，合格后方可投料使用，要根据 GB/T 4751—2002《户用沼气池质量检查验收规范》的规定，按照统一标准检查、验收。

一、直观检查法

应对施工记录和沼气池各部位的几何尺寸进行复查，池体内表面应无蜂窝、麻面、裂纹、砂眼和气孔，无渗水痕迹等目视可见的明显缺陷，粉刷层不得有空鼓或脱落现象，检查合格后，方可进行试压验收。

二、水试压法

向池内注水，水面升至零压线位时停止加水，待池体湿透后标记水位线，观察 12 小时，当水位无明显变化时，表明发酵间及进、出料管水位线以下不漏水，之后方可进行试压。试压时，先安装好活动盖，并做好密封处理。接上 U 形水柱气压表后，继续向池内加水，待 U 形水柱气压表数值升至最大设计工作气压时停止加水，记录 U 形水柱气压表数值，稳压观察 24 小时。若气压表下降数值小于设计工作气压的 3% 时，可确认该沼气池的抗渗性能符合要求。

三、气试压法

池体加水试漏同水试压法。确定池墙不漏水之后，将进、出料管口及活动盖严格密封，装上 U 形水柱气压表，向池内充气。当 U 形水柱气压表数值升至设计工作气压时停止充气，并关好开关，稳压观察 24 小时。若 U 形水柱气压表下降数值小于设计工作气压的 3% 时，可确认为该沼气池的抗渗性能符合要求。

如果是浮罩式沼气池，必须对贮气浮罩进行气压法检查。先把浮罩安装好，在导气管处装上 U 形水柱气压表，再向浮罩内打气，同时，在浮罩外表面刷肥皂水，仔细观察浮罩，表面检查是否漏气。当浮罩上升到设计最大高度时，停止打气，稳定观察 24 小时。U 形水柱气压表下降数值小于设计工作气压的 3% 时，可确认该浮罩的抗渗性能符合要求。

四、沼气池验收试水试气新方法

对新建沼气池进行试水试气是质检的必要程序，质检结果是决定沼气池能否在其上套建厕所、猪舍或投料的依据。现推荐陕西省沼气技术专家团成员、陕西省千阳县农村能源办副主任张玉奇工程师,针对无仪表和未安装输气管的新建池,采取的试水试气检验的新方法。此方法效果很好,目前已推广到全县建池项目村,供各地技术员验收新建池参考。

1. 方法步骤

检验分第一次试水、第二次试水和试气3个步骤操作,用3昼夜时间。

(1)第一次试水　向池内注水,高度130厘米,淹没进料池内的大头管上沿后,在出料口的池壁上画出水位标记线,投入漂浮物,记录开始观察的时间。24小时后再观察水位下降差数(用厘米表示),漂浮物离开原来位置的方向,并做好记录。水位下降差数等于或小于注水高度(130厘米)的3%(即4厘米)时,可以做出"大头管以下这部分建池不漏水"的结论,但不能说明大头管以上这部分建池也不漏水。如果水位下降差数大于注水高度4厘米时,应做出"因漏水检验不合格"的结论,并根据漂浮物离开原来位置的指示方向,确定漏水的大体位置,明确告知施工队长维修的时机与质量要求。维修结束后,质检人员要重新检验,不限次数,直到合格为止。

(2)第二次试水　在原来水面基础上,再注水大约0.4米高,以淹没导气管为止。这是对导气管上沿以下0.4米池体是否漏水、漏水多少的检验,包括进料口、水压间、池球体盖、抽渣池、斜进粪池、厕下池这些部位。水位下降等于小于3厘米时判为合格;水位经过24小时后,下降大于3厘米判为不合格,并当面通知施工队长漏水维修事宜。漏水部位可采用"漂浮物法"判断其大体位置。经过两次试水,得到两次都合格结论的池子,才具备试气的资格。

(3)试气　首先,抽出多余的池水,使水位回落到出料通道(也叫窑门口)最高点,然后按以下步骤试气:

①用胶泥封好活动盖(也叫井塞),并将蓄水圈注满水。

②用药瓶胶塞封闭导气管口,不要连接输气管。

③向池内加水,加到距水压间顶点24厘米时停止,并画出标记线,开始计时观察。

④观察24小时,判定活动盖(井塞)、导气管是否漏气,即观察并记录各口水位是否下降,下降多少厘米。如果下降在6厘米以内,可以判定"该池不漏气,质量合格",这时才可以签发建池验收合格证。沼气用户见证后,才能安装输气管线、连接灶头,开始投料生产沼气。如果下降在6厘米以上,可以判定"该池漏气,质量不合格"。需要对漏气部位进行维修,次数不限,直至合格为止。

2. 验收注意事项

①由质检员签写《户用沼气池质量检验单》中的试水、试气项目,随试随记录,不得事后补记,谁检验谁记录,谁签发谁负责。

②只有在合格的沼气池上可以套建厕所、猪舍,允许户主投料。反之,都不允许。

③沼气池若经沼气系统技术人员检查验收合格后,应填写沼气池验收登记表。全国统一的沼气池验收登记表的格式及内容详见表 2-18,以备后查。

表 2-18　沼气池验收登记表

省　　地(市)　　县　　乡　　沼气池验收登记表

沼气建池户姓名		施工技术员姓名	
建池户地址		沼气池池型	
开工日期		沼气池容积	
竣工日期		验收日期	
建池材料(水泥、砂、石等)数量规格、标号			
建沼气池用户意见 (签字)			

主持验收单位意见(须说明建池技术、质量、材料等是否合格,试压检验结果等):

负责人(签章)

年　月　日

第三章　沼气系统的运行和管理

第一节　沼气系统的运行

一、沼气池的启动

从向沼气池内投入发酵原料和接种物开始,直到所产生的沼气能够正常燃烧时止,这个过程称为沼气池的启动。

1. 接种物的采集

①新建池和旧池大换料时,应加入占原料量30%以上的接种物,或留10%以上正常发酵的沼气池底部沉渣,或用10%～30%的沼气发酵料液作启动接种物。

②农村陈年老粪坑底部粪便、阴沟污泥、塘堰沉积污泥、正常发酵沼气池底部污泥和发酵料液等,均富有沼气微生物,特别是产甲烷菌群,都可以采集为接种物。

③新建沼气池无法采集接种物时,可以备制。如制500千克发酵接种物,一般添加200千克的沼气发酵液和300千克的人畜粪便混合,堆沤在不渗水的坑里,并用塑料薄膜密封口,一周后即可制作为接种物。如果没有沼气发酵液,可以用农村较为肥沃的阴沟污泥250千克,添加250千克人畜粪便堆沤一周左右,即可制成接种物。如果没有污泥,可直接用人畜粪便500千克进行密封堆沤,10天后就可作为沼气发酵接种物。

2. 发酵原料的准备

(1)**发酵工艺的种类**　根据发酵原料不同,发酵工艺可分为秸秆发酵、秸秆与人畜粪便混合发酵和人畜粪便单一原料发酵3种。如农户家用水压式圆筒形和椭球形沼气池,一般采用秸秆和人畜粪便混合原料常温发酵工艺。曲流布料形和分离贮气浮罩形沼气池一般采用单一人畜粪便常温发酵工艺。

(2)**根据沼气池容积准备原料**　如果农户一家五口人,建造6米³沼气池,需养猪2头,备足500千克秸秆。如果建造8米³沼气池,五口之家则需养猪3头,备足500千克秸秆。

(3)秸秆发酵原料的准备　8 米³ 沼气池需准备粉碎后的干秸秆 400 千克,碳酸氢铵 20 千克,"绿秸灵"秸秆预处理复合菌剂 1 千克(即 1 袋),同时还应准备装秸秆入池用的网眼袋 50 条。

①秸秆原料制气工艺流程。粉碎秸秆→加水浸泡→加入碳酸氢铵和秸秆发酵菌剂→堆垛发酵→观察菌丝生长情况→装袋→码入沼气池→加碳酸氢铵和沼气接种物→加水封池→放气试火。

②原料处理技术。将粉碎后的 400 千克干秸秆加水浸湿放置 1 天以上,以确保浸透。在堆沤前均匀泼入不少于 5 千克溶解于水的碳酸氢铵,再加入"绿秸灵"1 千克,将秸秆与发酵菌剂拌匀后堆成 1.2~1.5 米宽、1.5 米长的条垛,加盖塑料薄膜。条垛上扎 6~7 个通风孔,孔径为 3~4 厘米,堆沤 5~7 天,观察菌丝生长情况,当秸秆上普遍长有白色菌丝时为沤好。然后将沤制好的秸秆装入网眼袋以便投料。原料袋摆放入沼气池内后,向沼气池内加入溶解好的碳酸氢铵 15 千克,再加入沼液或少量的猪粪或牛粪,并加入 35℃温水封盖后,观察压力表的变化,若压力正常,可放出废气,再在灶具上进行试火。

③碳氮(C∶N)比的选择。若碳氮比选 20∶1,每千克干秸秆需加入碳酸氢铵 50 克或尿素 19 克。若碳氮比选择 25∶1,每千克干秸秆需加入碳酸氢铵 41 克或尿素 15 克。

近年来,东北、西北地区大力发展户用秸秆沼气。如山西省介休市已建秸秆沼气池 4000 多户。通过试验,一亩地的秸秆生产的沼气完全可满足一户一年使用,每户一年增收节支 900 余元,经济效益可观。

(4)粪便和秸秆混合发酵原料的准备　粪便和秸秆发酵原料的比例一般为 1∶1,入池发酵原料约占池容积 80%。

①粪便的堆沤。猪、牛粪经自然风干 2~3 天,在中午或下午气温较高时运往发酵地(发酵池内或池外平地上),堆成高 40~50 厘米、宽 1.2~1.5 米的长方体,两侧保持平整,发酵料堆与堆之间相距 30 厘米,以便翻堆时操作。发酵料堆好后,要用塑料薄膜盖好,保持一定的湿度和温度,并在发酵料堆上均匀地撒一定数量的熟石灰。堆沤时间,春夏季节 1~2 天,秋冬季节 3~5 天。当堆内发酵温度达 60℃左右,就可与堆沤好的秸秆拌和作发酵原料。

②秸秆的堆沤。农村常用的简易方法是将秸秆铡成 3 厘米长,直接堆在地面上踩紧,并按秸秆质量取 2% 的石灰,兑水成石灰水澄清液,均匀洒在秸秆上,再泼 10% 粪水或沼液,湿度以不见水流为宜。堆料时,秸秆要层层压紧踩实,每层均洒石灰澄清液和粪水,每层厚为 20~30 厘米,上面再覆盖塑料薄膜,让其缓慢发酵。这种方法效果比较缓慢,分解液流失比较严重。为

克服不足，目前，有些地方改用堆沤池进行堆沤发酵，原料损失小，沼气池加
入堆沤池内分解液，可以很快提高产气量。

(5)人畜粪便单一发酵原料的准备　在曲流布料池和贮气浮罩沼气池
启动和大换料时，要准备大量猪、牛粪和少量经过粉碎堆沤的秸秆，用以调
节人、猪、牛粪为主要发酵原料的碳氮比。大批量粪便一次性入池时，必须
进行堆沤处理（添加适量的熟石灰）。如第一次启动时，准备原料多在池内
堆沤。大换料时，准备原料多采用池外堆沤。但要切记，不要在"四位一体"
模式的温室大棚内堆沤发酵原料，以防产生的氨气使作物受害。堆沤时，原
料发酵浓度以 4% 为宜，可防止料液酸化。这两种沼气池按连续发酵工艺操
作，即天天进料，日日出料，出多少，进多少。进料时，经常将人、畜粪便拌入
草木灰或添加适量石灰水，以维持发酵液的酸碱度在正常范围内。

3. 发酵原料的配制

为满足沼气菌群对营养元素的需要，沼气发酵液要合理配料。

(1)发酵液启动浓度　根据气候条件不同，我国南方地区夏季发酵液启
动浓度以 6% 为宜，冬季以 8%～10% 为宜；北方地区 5～10 月份要求达
到 10%。

(2)发酵液浓度的计算　我国地域辽阔，不同地区、不同季节、不同气候
条件要求的发酵浓度也不同。沼气发酵液浓度计算公式如下：

$$浓度 = \frac{原料质量 \times 原料总固体百分含量}{原料质量 + 加水质量} \times 100\%$$

(3)配制发酵原料的碳氮比　沼气原料发酵适宜的碳氮比值是(20～
30)∶1。在配制适宜的碳氮比值时，先要弄清入池原料的碳氮比，如粪类为
富氮原料。鲜猪粪、牛粪的碳氮比分别为13∶1和25∶1。而以含纤维素为
主的秸秆为富碳原料，如麦秆、稻草的碳氮比分别是87∶1 和67∶1。其次
要分析入池原料的特性。如富氮原料分解产气速度快，但贮能量少；富碳原
料分解产气速度慢，但贮能量大。为此，在配料入池时，必须注意以下几点：

①分解产气速度快的原料与分解产气速度慢的原料要合理搭配使用，
富碳原料与富氮原料要合理搭配使用，贮能大的原料与贮能小的原料要合
理搭配使用，这样才能保证沼气发酵持久均衡、充足产气。

②当粪便和秸秆混合启动时，若粪便量小于秸秆质量一半以下，可按每
1 米³ 发酵料液加入 1～3 千克碳酸氢铵或 0.3～1 千克尿素，以调整发酵料
液的碳氮比，提高产气量。

所备发酵原料不同，其料液的配料比也不同。料液的配料比见表3-1，
供用户选用。

表 3-1　料液的配料比

(米³)

配料组合	质量比	6% 浓度 加料质量比	6% 浓度 加水量/(千克/米³)	8% 浓度 加料质量比	8% 浓度 加水量/(千克/米³)	10% 浓度 加料质量比	10% 浓度 加水量/(千克/米³)
猪粪		333	667	445	555	555	445
牛粪	4.54：1	353	647	470.5	529.5	588.2	411.8
骡马粪	3.64：1	300	700	400	600	500	500
猪粪：青杂草	1：10	27.5：275	697.5	—	—	—	—
猪粪：麦草	4.54：1	163.5：36	800.5	217.4：47.8	734.8	271.8：59.8	668.4
猪粪：稻草	3.64：1	144.6：39.7	815.7	192.8：52.9	754.3	241：66.2	992.8
猪粪：玉米秆	2.95：1	132.8：45	822.2	177.3：60.1	762.6	221：75.1	703.9
牛粪：麦草	40：1	331：8.2	660.8	440：11	549	551：13.7	435.3
牛粪：稻草	30：1	318.5：10.5	671	424：14.1	561.9	530：17.7	452.3
牛粪：玉米秆	23.1：1	307.9：13.3	678.8	410：17.7	572.3	513.3：22.2	464.5
人粪：稻草	1.5：1	80：53	867	107：71	822	134：90	776
人粪：麦草	1.8：1	92：51	857	122：68	810	153：85	762
人粪：玉米秆	1.13：1	68：60	872	90：80	830	112：99.5	788.5
骡马粪：玉米秆	10.8：1	219：20.3	760.7	291.6：27	681.4	366：33.9	600.1

续表3-1

配料组合	质量比	6% 浓度		8% 浓度		10% 浓度	
		加料质量比	加水量/(千克/米³)	加料质量比	加水量/(千克/米³)	加料质量比	加水量/(千克/米³)
猪粪：人粪：麦草	1：1：1	49.5：49.5：49.58	851.58	66：66：66	802	82：82：82	754
	2：0.75：1	89.2：33.5：44.6	832.7	119：44.6：59.5	776.9	148：55.5：74	722.5
猪粪：人粪：稻草	1：1：1	50：50：50	850	66：66：66	802	83：83：83	751
	2.5：0.5：1	107.5：21.5：43	828	145：29：58	768	180：36：72	712
猪粪：人粪：玉米秆	1：0.75：1	53.8：40.4：53.8	852	71.8：53.8：71.8	802.6	89.7：67.3：89.7	753.3
	2：0.2：1	100：10：50	840	134：13.4：67	785.6	167：16.7：83.5	732.8
猪粪：牛粪：麦草	3：1：0.5	159：53：26.5	761.5	211.8：70.6：35.3	682.3	264：88：44	604
	5：1：1	155：31：31	783	210：42：42	706	260：52：52	636
猪粪：牛粪：稻草	3.5：1：1	126：36：36	802	169.8：48.5：48.5	733.2	212：60.5：60.5	667
骡马粪：人粪：玉米秆	3.29：0.5：1	127.5：19.4：38.8	814.3	170：25.8：51.7	752.5	212.5：32.3：64.6	690.6
骡马粪：猪粪：玉米秆	3：1.52：1	107.7：54.6：35.9	801.8	143.7：72.8：47.9	735.6	179.7：91：59.9	669.4

注：①考虑到农村沼气发酵的实际情况，本配料比一般为近似值。

②本配料表按碳氮比(C：N)为(20~30)：1进行计算，一般计算中用了总固体(TS)，同时考虑到了产气潜力。本配料表中的秸秆均为风干态。碳氮比(C：N)两个参数，计算中精确到10⁻¹。如青杂草用量过大，应适当删减短节。粉碎秸秆入池，只预混湿不堆沤。秸秆如经堆沤，碳氮比率会降低，应适当增加用量。当秸秆用量>70千克/米³时，提倡粉碎后拌料，使秸秆充分吸涨水分之后，再入池。提倡池内堆沤。

③按本发酵工艺操作技术要求加入接种物时，实际加水量需从本表配料比加水量中减去与接种物同体积物体的质量。

4. 投料入池

(1)发酵原料的投入量 农村沼气池常采用以秸秆为主的一次性投料和人畜粪便为主的连续进料两种方式。

[例 3-1] 我国农村家庭一般宜建 6 米^3 沼气池,其发酵有效容积约 5 米^3。若猪粪的干物质含量为 18%,计算配制发酵原料投入量。

[解] 南方发酵浓度一般为 6%,则计算需要猪粪约 1200 千克,制备的接种物 500 千克(视接种物干物质含量与猪粪干物质含量相同),添加清水 3300 千克。

北方发酵浓度一般为 8%,需要猪粪约 1700 千克,制备的接种物 500 千克,添加清水 2800 千克。由于沼气池与猪舍、厕所建在一起,可自行补料,投料适宜温度 15℃~25℃,时间宜选中午。

沼气池内投料量一般占池容积 80%,最大投料量占池容积 90%,余下部分为气箱容积。如果原料暂时不足,最少投料量也必须超过进、出管下口上沿 15 厘米,以形成封闭发酵间。

(2)投料入池堆沤 将铡短或粉碎并经池外堆沤后的作物秸秆,铺在沼气池旁空地上,与粪类原料、接种物和适量的水搅拌均匀,用水量以淋湿不流为宜。如果没有拌料的地方,也可在池内分层加料,分层接种,每层厚度为 25~30 厘米。将拌匀的发酵原料从沼气池顶部活动盖口加入。除纯粪类原料外,无论拌料入池,还是分层入池,都要在池内层层踩紧压实。池内堆沤过程切忌盖活动盖。如遇下雨或气温低,可在活动盖口覆盖遮蔽物,待天晴或气温回升后,要敞开活动盖。

5. 加水封池

①池内堆沤到发酵温度 60℃ 左右时,分别从进、出料口加水,最好用粪水、污水或其他沼气池的沼液。按规定量加水,总加水量应扣除拌料时的加水量。

②加水完毕,即用 pH 试纸检测发酵液的酸碱度。沼气发酵适宜的 pH 值为 6.8~7.6。符合 pH 值最小为 6.5 即可封池。如 pH 值在 6 左右,可加适量的草木灰、氨水或澄清石灰水调节。添加的调节物切忌过量。一般不采用加水稀释的办法来调节 pH 值,以免降低发酵浓度。

③封池后,及时将输气管道、压力表、开关、灶具、灯具安装检查好,并关闭输气管上的开关。

6. 放气试火

①封池后,当压力上升到 3~4 千帕(30~40 厘米水柱)时,开始放气。第一次排放的气体中二氧化碳和空气多,甲烷含量少,一般点不燃。当压力

再次上升到 2 千帕(20 厘米水柱)时,进行第二次放气,并开始试火。如果能点燃,说明沼气发酵已经正常启动,次日即可用气。

②放气试火应在灯、灶上进行,并要注意安全用气。

二、沼气池的运转

沼气池正常启动后,直至大出料停止运转,这段时间为沼气发酵运转阶段。运转正常与日常管理工作密切相关,并直接影响沼气质量和产量。这一阶段的任务是维持沼气池均衡产气,具体工作内容如下:

1. 适时进料、出料

①进、出料的原则是先出后进,进、出料量体积相等,不要进少出多或进多出少。

②"三结合"沼气池从启动开始,便可陆续向池内进料,但应对每天进料量作一估算,当累计进料量达到池容积 85%～90%时,就应开始出料。

③非"三结合"沼气池启动运转 30 天左右,当产气量明显下降时,应及时添加新料。要求 5～6 天加料一次,每次加料量占发酵料液量的 3%～5%。冬季可以 8～9 天加一次料。加秸秆应先用粪水或水压间的料液预湿、堆沤。

④正常运转池子,切忌只进料不出料,以免因料液过满造成用气时发酵液进入导气管内,发生堵塞现象。

⑤添加新料时,切忌加大池内水量。因为池内水分过多或过少,都不利沼气细菌的活动和沼气的产生。若水量过多,发酵液中干物质含量少,单位体积的产气量就少;若水量过少,发酵液太浓,容易积累大量有机酸,发酵原料的上层易结成硬壳,使沼气发酵受阻,影响产气量。

⑥进出料时,切忌过快、过猛,以免池内正、负压力骤增,造成池壁破裂。

2. 保持池内发酵温度

农村沼气池都采取自然温度发酵,所以,沼气的产量随季节变化较大。如 1～2 月产气量最低,一般每 1 米³ 沼气池每天产气量只有 0.08～0.1 米³;7～8月产气量最高,可达 0.2～0.3 米³。为提高池温,正常产气,可采取以下措施:

①将沼气池建在猪舍、厕所之下,是防寒保温的有效方法之一。北方有条件的将沼气池建在太阳能温棚内,利用太阳能提高池温。

②有条件的可用太阳能热水器,在补料时,加入一些热水入池,以提高池内温度。

③在补料时,可适当添加热性原料,如牛、羊、马粪、酒糟、蔗糖渣等来提高池温。

④在沼气池上堆放作物秸秆、稻草,其宽度要大于池体1～1.5米。在东北,所堆秸草下层还要垫30～60厘米的软碎物质,如稻壳、麦壳、树叶、草根等来提高池温。

⑤在北方,要在畜舍、粪坑或人畜粪便入池口处搭建保温棚,以防入池粪便冻结。

3. 定时搅拌

(1)机械搅拌　在各地县、乡能源办公室或沼气试验站有适合各种池型的机械搅拌器,供农户租用,对搅拌发酵液有一定效果。

(2)液体回流搅拌　从沼气池的出料间将发酵液抽出装桶,每次抽取料液150～200千克,然后又从进料口注入沼气池内,产生较强的料液回流,以达到搅拌和菌种回流的目的。

(3)人工竹竿搅拌　用一根前端略带弯曲的竹竿,每日从进、出料口向池底振荡数十次,一般每天一次,每次搅拌20～30下。

(4)搅拌注意事项

①在冬季,无论选择机械、液体回流或木竹竿搅拌,宜在晴天中午进行,每隔3～5天一次,如果天天搅拌,反会使产气量下降。

②浮渣结壳严重的沼气池应打开活动盖,破坏结壳层,并向池内插管5～10根。插管直径为10～20厘米,插管应高出发酵液面,上端可捆成三角形架,固定在池中。插管可选破开的竹竿、高粱秆、玉米秆等。

4. 调节池内酸碱度

沼气池发酵适宜的pH值为6.8～7.6,过高或过低都会影响池内发酵。在正常情况下,沼气发酵的pH值有一个自然平衡过程,一般不需要调节。但如果配料比或出、进料方式不当,会破坏pH值的平衡。这时,则需要采取措施调节。

①先了解池内pH值状况。有一种用于专门测试pH值的试纸,将这种试纸条在沼气池里浸一下取出,与pH值标准纸条相比较,若浸过沼液的试纸条上颜色与标准纸条上颜色(有pH值读数)一致,即是被检测沼气池料液的pH值。

②如果检测结果表明发酵料液浓度较高,可停止向池内进料,让其自然调节。

③如果检测结果表明pH值偏低,可用石灰水调节。其方法是将2%的石灰水澄清液与发酵液充分拌匀入池,要注意逐渐加入。如果pH值还偏低,再适当少量添加石灰水澄清液,或者向池内适量添加5%氨水,或者向池内添加一些草木灰,调节pH值达到正常值为止。

5. 计算池内产气率

沼气池在运转过程中有机物质产气的总量称为沼气的产气量,是衡量原料发酵分解好坏的一个主要指标。单位池容积在单位时间内的产气量为沼气池的池容积产气率。农村常采用池容积产气率来衡量沼气发酵的正常与否。

[**例 3-2**] 南方圆筒形 6 米³ 水压式沼气池通过流量计的计数显示,每天生产沼气 1.2 米³,每天池容积产气率为:

$$1.2÷6×100\%=20\%$$

据统计,户用圆筒形沼气池正常运转,南方每天 6 米³ 沼气池产气率为 15%～25%,8 米³ 沼气池产气率为 20%～30%。

通过沼气池每天池容积产气率的计算,用户可从中发现沼气池是否正常运转,从而查找出原因,提出改进措施,以提高沼气池的产气量和使用效果。

三、沼气池的大换料

①农村户用水压式沼气池大换料时,要与农事用肥季节相适应。南方一般在春季和秋季大换料两次,北方一般在春季大换料一次。

②沼气池大换料应先备料,然后出料,大换料前 10 天左右停止向沼气池进料。

③如果是"三结合"沼气池,无论南方或北方,当气温在 10℃ 以下,若无保温措施,不宜大换料,否则,启动不好,影响产气效果。

④非"三结合"沼气池只在秋季大换料一次,投料池容积 75%～80%,启动浓度 10%,需加强越冬管理。次年春季期间数日内不需添加原料。夏秋季节视产气情况,每月添加 1～2 次,即能实现全年均衡产气。

⑤大出料时,池内要留 10% 以上的池底沉渣或 10%～30% 的发酵料液,作重新投料的接种物,否则,沼气池难以启动。

⑥大出料后,要将进、出料口和活动盖盖好,防止贮气室脱水而造成龟裂漏气。

四、沼气池的安全使用

(1)安全发酵

①严禁向池内投放农药、各种杀菌剂,以免使正常发酵遭到破坏,甚至停止产气。一旦出现这种情况,应将池内发酵料液全部清除,冲洗干净,重新投料启动。

②严禁将菜籽饼、棉籽饼、过磷酸钙加入池内,因为它们在池内密封条件下,能产生剧毒气体磷化三氢,人接触后易引起中毒死亡。

③严禁将电石带入池内,以免引起爆炸。

(2)安全管理

①沼气池进、出料口必须加盖。沼气池深一般都在 2 米左右,同时发酵间又处在密封状态,一旦人、畜掉入池内则十分危险。因此,在沼气池的进、出料口,一定要用结实的石板、木板盖上。这样既安全又可防止沼液中的铵态氮的逸出,有利于保持和提高池温。同时,应注意每次进、出料要及时将盖子盖好。

②沼气池必须安装压力表。压力表用于监测池内压强,避免池内压强超过设计标准规定的最大压强或出现负压,造成池体破裂。

③进、出料时要做到缓进缓出。如进料过猛,特别是当淹过进、出料间的挡板后,仍然过猛,这时会造成池内气压骤增,造成池壁破裂。如果出料过快过猛,池内产生负压,也会破坏池壁。

④经常检查输气系统。如导气管发生阻塞,应及时排除,以免池内压强过大而造成池体裂损;检查开关、管道、接头是否畅通或破损漏气。检查漏气的方法是将连接灶具的一端输气管拔下,并把输气管连接灶具这端堵塞;沼气池气箱出口一端管子拔开,用打气筒向输气管内充气,观察压力是否下降。如 2～3 分钟后压力不下降,则表明输气管不漏气;若漏气,要及时打开门窗,并采取排风措施,使室内空气流通。排除室内沼气后,才能点火。沼气灯、灶具不要靠近易燃物。使用时,先点燃引火物,再打开开关点燃灯、灶具,防止发生火灾。

⑤在输气管上适当较低位置安装好凝水瓶,排除管道中的冷凝水,以免冷凝水堵塞管道。

⑥严禁在导气管上直接点火,以防发生爆炸事故。

(3)人员安全入池

①人员若入池清除沉渣或查漏、修补沼气池时,先要将输气导管取下,发酵原料要清除到进、出料口挡板以下,有活动盖板的要将盖板揭开 1～2 天,并用风车或小型空压机向池内鼓风,以排出池内残存的有害气体,当池内有了充足的新鲜空气后,才能入池内。

②人员入池前,应先进行动物试验,可将鸡、兔等小动物用绳子拴住,慢慢放入池内 20 分钟。如动物活动正常,说明池内空气充足,可以入池工作;若动物出现昏迷、表现异常,则表明池内严重缺氧或残存有毒气体未排净。这时,要继续向池内鼓风,并严禁人员入池。

③在向池内鼓风和动物试验安全后,下池人员要腋在下系安全带,搭梯子下池,池外要有专人看护,以便一旦发生意外时,能够迅速将人拉出池外,进行抢救。抢救方法是尽快把昏迷者救出池外,解开胸前衣扣,放在空气流通的地方;如已停止呼吸,要立即进行人工呼吸,做简单抢救处理。严重者经初步处理后,立即送就近医院进行抢救。应注意如果池内有人员中毒,池上人员应立即用鼓风机或电风扇向池内送风,严禁池上人员立即下池施救,以免造成连续多人中毒事故。

④入池操作人员如感到头昏、发闷,要马上离开池内,到池外空气流通的地方休息。严禁单个人员入池操作。

⑤入池操作人员可用防爆手电筒照明,切忌用油灯、火柴、打火机等明火照明。

⑥池内维修时,池内、外严禁烟火。

(4)安全使用沼气十不准

①不准离人。使用沼气灶时,不准离人,以防火焰被风吹灭或被水、油、稀饭淋熄而产生沼气泄漏,引起室内空气污染或发生火灾。

②不准敞口。沼气池的进、出料口不准敞开,必须加盖,防止人、畜掉进池内,造成伤亡事故。

③不准有明火。沼气池天窗盖打开后,不准在池口周围点明火照明或吸烟,以防火灾。

④不准不检查就使用。沼气池使用前,应紧固输气管道各接头,并用肥皂水检查各接头是否有漏气现象,确认无漏气后,方可投入使用。

⑤不准使用沼气灶时无压力表。使用沼气灶必须安装压力表,并经常注意观察压力表水柱的变化。当发现压力表上压力过大时,要立即用气、放气,以防胀坏贮气室造成事故。

⑥不准靠近输气管道和易燃、易爆品安装沼气灶。沼气灶靠近输气管道、电线、爆竹等易燃、易爆品安装,容易引起火灾或爆炸。一旦发生火灾或爆炸,应立即关闭沼气开关,切断气源。

⑦不准在沼气池导气管和出料口上点火试气。在沼气池导气管和出料口上点火试气,容易引起回火,炸坏池子。所以,不准用明火检查输气管道各接头、开关,以防引起火灾。

⑧不准随意向沼气池加料加水。在沼气池正在使用时,不准随意向沼气池加料加水。需要加料加水时,应打开放气开关,慢慢加入,以免损坏沼气池。在日常进料时,也不准使用沼气灶具,严禁明火接近沼气池。

⑨不准先开气后点火。使用沼气时,要先点燃引火物再扭开关,而且应

先开小火,待点燃后,再全部扭开。不准先开气后点火,以防沼气喷出过多,伤害人员或引发火灾。

⑩不准无安全防护措施就下池。下池检修时,一定要先打开活动顶盖,抽掉上面的浮料、渣液,使进料口、出料口、活动盖口全部通风,敞开 12 小时,排除池内残留沼气。下池前,要先进行小动物试验,证明池内确实安全时,才能下池作业。下池人员要系好安全带,如稍感不适,应立即出池,到通风阴凉处休息。

第二节　沼气系统的管理

一、沼气池的日常管理

沼气池建好后,如何管理是个关键问题。要想管理好沼气池,首先要学习和掌握沼气管理、使用的基本知识。沼气技术人员完成建池后,用户可以从池的试压、发酵原料的准备、进料到池子启动产气,包括沼气输气管道的安装、沼气灯、沼气灶的使用和压力表的认读,都要认真学习和动手与沼气技术员一起干,熟悉全过程。当沼气技术人员将建好的沼气池交付给用户管理和使用时,使用者才能做到心中有数,不慌不乱。

(1)加强沼气池的吐故纳新　户用沼气池正常启动使用 2~3 个月后,应每天保证 20 千克的新鲜人畜禽粪便入池发酵。平时,要添加适量的生活废水,以保持池内原料的发酵浓度。要经常出料,应先出料,后进料,做到出多少,进多少,以保证气箱容积的相对稳定。

(2)经常搅动沼气池内的发酵原料　每天用活塞在回流搅拌管中上下抽动 10 分钟,进行强制回流搅拌。经常搅拌能使原料与沼气细菌甲烷充分接触,提高产气率;如果不经常搅拌,就会在原料表层积结一层厚壳,降低沼气的产气量。

(3)保持适宜的发酵原料浓度　户用沼气池适宜的发酵浓度为 6%~8%,冬季浓度不低于 12%。要注意按比例定量加料,不要加料过多。

(4)随时监控沼气发酵液的 pH 值　沼气细菌适宜在中性或微碱性(pH 值 6.8~7.6)的环境中生长繁殖,过酸或过碱(pH 值小于 6.6 或大于 8)对沼气细菌活动都不利。一旦料液酸化后,可用以下 3 种方法调节:

①取出部分发酵原料,补充相等数量或稍多一些含氮多的发酵原料和水。

②将人畜禽粪便拌入草木灰,一同加到沼气池内。

③老沼气池可加入适量的石灰澄清液。

(5)强化沼气池的越冬管理　入冬前,即10月底前,多出一些陈料,多进一些猪粪、马粪等热性原料,防止沼气池"空腹过冬"。入冬前,要为沼气池搭建简易温棚,或用秸秆或塑料薄膜覆盖沼气池保温。北方冬季沼气池保温措施如下:

①在北方建沼气池时,应配建一个地灶,冬季使用地灶保温。在连续阴雨或下雪天,用木炭或木柴点着地灶,使沼气池的周边温度控制在大于15℃、小于30℃范围内。

②日出时增加光照,日落时点沼气灯保温。

③入冬时,将半干粪便或秸秆堆盖在沼气池上,盖上农膜,用粪便或秸秆的自身发热保温,春季气温回升后去掉。

④直接盖几层农膜,雨雪或晚间再加盖草被保温,农膜覆盖面积应大于沼气池2米以上。

⑤沼气池尽量建在大棚或畜禽舍内,以利于冬季保温。

二、沼气池冬春季节的管理

每年冬春季节沼气池产气少,是一年中产气最困难的时段。原因是气温低、沼气微生物活力下降、原料发酵分解速度减慢。为保证沼气池在冬春季节能正常产气,需要加强沼气池的越冬管理。

(1)入冬前大换料　入冬前,选择晴天或近期内没有寒潮侵袭的时间,对沼气池进行一次大换料,取出陈料,加足新料。此时换料,外界气温虽然较低,但池温并不低于15℃,沼气微生物生长仍十分活跃。换料后,原料能及时发酵分解多产气。此时,可趁机检修沼气池,检修时要注意安全,用鼓风机把池内有害气体排净,并经小动物吊下池内试验20分钟无危害时,才能下池检修。

(2)提高发酵浓度　沼气池发酵原料的最适合浓度随发酵温度不同而变化。夏季一般为5%～6%,秋季为7%～8%,冬春季要提高到10%～20%。冬春季原料发酵时,应增加一些热性发酵原料,如牛粪、马粪、驴粪、酒糟、豆渣水等。发酵浓度过高或过低,都不利于沼气的产生。

(3)采取保温措施　冬春季节,应在沼气池迎风面堆放草垛或砌挡风墙,防止寒风直接侵袭。在顶盖、进出料口,需用双层塑料薄膜或草帘覆盖,晴天揭掉草帘让太阳照晒以增加温度。架空的输气管要用旧棉花包裹,然后用塑料薄膜包扎好。地下的输气管道也要用这种方法包扎好埋入地下,以防冻坏。要防止雨雪入池,有条件的地方,可以在沼气池上搭棚、养鸡来保暖。

(4)加强日常管理 在冬春季节,虽然池内原料发酵慢,但仍要做好经常的进、出料工作,每次进、出料数量不宜多,以免因低温原料进池量大,造成池温波动。进、出料应在晴天中午进行,采用多次少量的办法。在暖春季节,勤搅拌沼气池尤为重要,最好每天搅动池液 1～2 次,每次约 20 分钟,寒冬每 3～5 天搅拌一次。

(5)使用添加剂,促进多产气 常用的添加剂主要有以下几种:

①碳酸氢铵。用量为原料体积的 10%～30%,拌入原料中可加速发酵,提高产气量 30%左右。

②蚕沙。蚕沙是由蚕粪、残留桑叶和蚕脱皮等组成。蚕沙含有大量的蛋白质、纤维素、糖类和磷脂等,还含有丰富的酶激活素,能促进多种酶的生化活动,加速产气,是沼气池防寒越冬的最佳发酵原料。

③活性污泥。活性污泥是城镇下水道中污水排放时沉淀下来的有机物质,含有大量的甲烷细菌,也是一种优质菌种,投入沼气池可提高甲烷菌的浓度,促进原料发酵和多产气。

④废旧电池。旧电池里含有 13%乙炔,乙炔含碳量为 99%,还含锰、锌、氨等。将 15 节 1 号旧电池剖开砸碎,拌入发酵原料中,可增加产气量。

⑤小麦麸皮。麸皮含粗蛋白 13.6%,含粗纤维 10%。一般 6 米³ 的沼气池按每 1 米³ 0.5 千克的用量,用水搅拌后投入池内,可增加产气量一倍以上。

(6)新池不宜在冬季启用 同理,旧池也不宜在冬季大换料。因为冬季难发酵,产气效果不好。

三、沼气池多产气的管理技巧

常言道:"三分建池,七分管理。"只有日常管理好了,沼气池就会获得较高的产气率。

(1)勤加料、勤出料 为使沼气池多产气和产气正常持久,必须保证沼气池细菌有充足的"食物"。这就需要给沼气池不断补充新鲜原料,做到勤加料、勤出料。对于沼、圈、厕"三结合"的沼气池,由于人、畜粪尿每天不断自动流入池内,因此,平时只需添加适量的水、保持发酵原料在池内的浓度即可。新建或大换料的沼气池一般 30 天左右就要补充新料。正常运转的沼气池可以坚持每天进、出料,也可以 5～7 天进、出料一次。夏季可补青杂草,冬季宜进猪、牛粪或酒糟。每 1 米³ 沼气池每次加料 2～3 千克。冬季加料最好将秸秆和粪便混合堆沤,待堆沤温度上升到 50℃以上入池,可提高产气率。沼气池运行时,要经常搅拌发酵原料,扩大原料与沼气细菌的接触,促进细菌的新陈代谢,加速其生长繁殖,提高产气率。

(2)配好料 为使沼气池多产气,还必须对入池原料进行合理搭配。入池原料一般采取"夏淡冬浓"的配方进料。沼气池发酵原料干物质浓度、温度是决定产气多少的主要因素。在同等温度下,浓度高,产气率一般就高;在相同的浓度下温度越高,产气率也越高。所以,沼气池春季进料干物质浓度应控制在8%以内;秋季换料启动浓度应控制在6%~7%,补料的浓度以8%~9%为宜;入冬前的大换料,启动浓度以达到10%~12%为好,补料的浓度为13%~14%。一年两次大换料,才能保证冬季多产气。换料时间最好选在每年的9~10月和次年的3~4月。大换料时,要先备足原料,如备稻草或秸秆料,应先垫猪、牛、羊栏,经家畜踩过后再堆沤入池,这样有利于破坏秸秆表面层的蜡质,软化秸秆纤维,使秸秆入池后发酵迅速,产气快。同时,入池原料还要合理搭配。如曲流布料沼气池发酵原料配比中,畜粪占30%、人粪占10%、池内留菌种(原发酵料)和沼液占30%、水量占30%。只有合理配料,才能提高产气率。

(3)常检修 为使沼气池多产气,就必须常检修,堵塞漏气现象和查找少产气的原因及采取对策。要经常检查输气管道,如检查到输气管道与开关的各接头处有发黑现象,就表明沼气池漏气,应对输气管路进行维修。日常加料中,要经常检查是否将大蒜、韭菜、烟梗、核桃叶、臭椿叶等带入沼气池。因为这些碎料有抑制或杀死沼气池中发酵细菌的作用,所以要严禁入池,以免造成池内产气困难。经常检查导气管是否松动,活动盖口部位是否损伤,池壳和池底等部位是否有裂缝造成漏气。如有,应及时用水泥砂浆进行修复。

(4)夏防雨 夏季雨水多,沼气池周围要有排水沟。有的农户把沼气池建在畜舍外,雨水很容易从进料口或水压间灌入池内,影响池料浓度和缩小产气箱容积,从而导致沼气池不能正常产气。因此,要在进料口和水压间上加盖,防止雨水直接进入沼气池。雨季,埋在地下的输气管道常有积水,可在离导气管1米左右的地方,安装一个积水瓶存水,以防积水堵塞管道而影响产气和用气。

(5)冬保温 为使沼气池冬季保温多产气,各地沼气专家动了不少脑筋。下面介绍华北地区采用池体保温措施,即"池顶塑布覆盖法"。

在沼气池顶部挖去表土层,深度为15~20厘米。先用聚乙烯塑料地膜盖一层,上面均匀压一层10厘米的细干土,土面上再覆盖1~2层整块无破损的聚乙烯塑料薄膜,然后覆土压实,覆土高度要略高于池体周围地面,以防积水。另外,在出料间内再投入15千克左右整稻草或麦秸,浮于池液面,以减少沼液温度的散发。试验表明,在寒冷季节,当月平均气温在6.8℃时,沼气池料液温度仍保持在13.4℃,较一般池温高3℃~4℃,从而提高了产气率。

四、病态池的诊断与治理

多年来的实践表明,户用水压式沼气池的病态主要有两种:一种是由于漏水、漏气产生的病态;另一种是发酵受到阻抑而产生的病态。前者是沼气池的质量问题,应采取措施进行修补;后者是发酵过程中酸化和甲烷化不平衡所造成,是肉眼看不到的,只有进行微生物和生物化学分析才能查明原因,提出改进措施。

1. 沼气池常见病态及治理方法

在沼气池建设施工中,有的地方没有严格按标准施工,使少数沼气池产生漏水、漏气不能使用,后经反复维修才能使用,既浪费了人力、物力、财力,又影响了沼气效益的发挥。

(1)池体产生裂缝而漏水

①原因分析。新建或大换料沼气池空池闲置时间长,不放水养护,经过长时间暴晒,沼气池结构层和抹灰层收缩而造成开裂。

②治理方法。若缝隙大,漏水严重,需清池进行修补。先将裂缝部位凿成V形,周围拉毛,再用1∶1的水泥砂浆填实V形槽,压实、抹光(要求水泥砂直径0.15~0.50毫米,除掉大砂粒,以防出现砂眼),然后用纯水浆刷1~3遍。若裂缝小,多刷几遍素浆,即可密封。新建或大换料沼气池不宜长时间空池闲置。

(2)池墙与池底交界处产生裂缝而漏水

①原因分析。主要是由于池墙、地基与池底地基产生不同步沉降所致。

②治理方法。处理好池墙与池底的基础部分,先将池基原状土夯实,然后铺放碎石或卵石垫层,用1∶4的水泥砂浆将碎石缝隙灌满,地基好的厚度为8厘米,地下水位高的厚度为10~12厘米,然后用水泥、砂、碎石比例为1∶3∶3的混凝土浇筑池底,混凝土的厚度要达到8厘米以上。如果裂缝小,可将裂缝凿出一定宽度和深度的沟槽,填入较小的细砂混凝土,压实抹平。

(3)沼气池内壁产生蜂窝、麻面而漏水

①原因分析。由于池墙浇筑不密实,或浇筑时,未将直径超过1~3厘米的碎石、土块等清除干净所致。

②治理方法。先将出现问题的部位表层剔除掉,用水充分湿润,再用

1∶2.5的水泥砂浆抹平。如果蜂窝较大,先将松动的石子和凸出的颗粒砂浆剔除,将表面铲干净,充分湿润后,用1∶2的水泥砂浆抹平、捣实,反复压实2~3遍,做到表面有光度,不翻砂,密实,无裂缝。

(4)沼气池的气箱与发酵间的衔接部位漏气

①病态表现。从水柱压力表上看,水柱上升时快时慢,当水柱上升到一定高度时,就不再上升。

②原因分析。当料液淹没漏洞时,不漏气;当沼气压力把料液压下去后,漏洞露出,就漏气。当产气增多时,发酵液面与进、出料口的下沿相平,沼气从进、出料口溢出,导致水柱上升而表现时快时慢;当漏气量与产气量相等时,水柱在一定高度就不再上升。

③治理方法。应该及时检查,做出正确判断。将池顶部导气管打开,在气压箱水位线标注上记号,若水位下降则说明漏气,必须清池,进行修补;增加池内发酵原料和水,使池内发酵液面上升,高出进、出料口上沿。

(5)导气管和活动盖部位漏气

①病态表现。压力表不上升,打开用气开关,水柱不动,或开始正常产气,以后明显下降。

②原因分析。在大换料时,将导气管和活动盖打开时受损伤所致。

③治理方法。在打开活动盖时要小心轻放。将导气管周围的内外两面用凿子凿深凿毛,用1∶2的水泥砂浆嵌补压实,最后粉刷纯水泥浆。对活动盖口下沿碰伤严重的部位,凿毛后用细砂水泥浆修补,若损伤较轻,则只刷纯水泥浆即可。

(6)池盖和池墙粉刷层脱落、翘起而漏气

①病态表现。池盖和池墙脱落的水泥砂浆呈白色,用手可捏碎,沼气池密封不良而漏气。

②原因分析。沼气池水、土偏碱性造成。

③治理方法。将池盖和池墙脱、落翘起的地方用泥刀全部剔除,并用水冲刷干净后,重新按抹灰施工操作程序,认真分层上灰,薄抹重压进行修补,并要在水泥砂浆中加入防碱剂。

2. 沼气池发酵受阻不产气的原因及防治

沼气池不漏水、不漏气,但就是不产气,或产气量很少。这种情况大多是因为沼气用户缺乏沼气使用知识,向沼气池添加原料中夹带了杀死甲烷菌的有毒物质和添加的原料碳氮比失调所致。

(1)受有毒物质影响不产气的原因及防治

①病态现象。自投料之日起3个月时间沼气池启动不了;压力在300毫

米水柱以上,气体燃烧不着;用 pH 试纸测试,pH 值在 6.5 左右;水压间盖板揭开后,沼液表面出现一层灰白色膜和泡。

②原因分析。以江西南昌农村受药害沼气池中毒为例加以说明。南昌市农村自从推广快速养猪法以来,沼气池中毒现象时有发生。这是因为快速养猪法要求在猪未进栏之前必须严格消毒,喷施农乐等杀菌剂;猪入栏之后,立即注射预防针;紧接着为猪驱虫,有的用针剂左旋咪唑,有的用片剂饲喂,但绝大多数是选用敌百虫。此外,快速养猪法所用的饲料以配合饲料为主,其中也添加了 2‰~3‰的敌百虫。由于上述原因,推广快速养猪法离不开含有机磷的杀菌药,所以,当猪粪尿流入沼气池内后,必将抑制和杀灭繁殖缓慢的甲烷菌而不产气。

③防治措施。猪未进栏前,消毒的杀菌剂不能进入沼气池,即在组合施工建池前设立预处理池,池深 60 厘米,池长、宽可根据地形酌情设置,并在沼气池后面设立积粪池,积粪池留有溢口,做到自流。这样可使有机磷中的敌百虫在预处理池中沉淀(因为敌百虫密度大),同时液化、产酸、产氢可在预处理池中的好氧菌和兼性菌的作用下完成,然后流入沼气池内进行厌氧发酵。

已经发生中毒不能启动的沼气池应进行大换料。大换料时,要特别注意将池内底层沉积含有较多的残存敌百虫清除干净,露天堆放,同时还必须注意原料中碳氮比的合理搭配。

(2)受碳氮比失调影响不产气的原因及防治　现以牛粪作为发酵原料的沼气池为例加以介绍。

①病态现象。沼气池封池后,两个月后迟迟不能产气。

②原因分析。山区饲养的牛以草为主,牛粪中含氮量偏少,沼气池中的原料碳氮比失调所致。

③防治措施。加入适量的碳铵,增加池内氮素,搅拌后封池,则很快产气。

(3)受辛辣物影响不产气的原因及防治　以向池内投放葱、蒜、辣椒等辛辣物造成不产气为例加以介绍。

①病态现象。新建沼气池 3 个月不启动、不产气。

②原因分析。将带有葱、蒜、辣椒及韭菜、萝卜等的秸秆作为原料投入新池内,或将猪吃了蒜苗、蒜叶和韭菜排出的粪便投入新池作为原料,抑制或杀灭了沼气池甲烷菌所致。

③防治措施。打开活动盖,取出含有辛辣物质的残渣,并加入部分堆沤的猪粪和含有甲烷菌的接种物,封池启动后,3~5 天就可以产气。

(4)受浮渣结壳影响不产气的原因及防治

①病态现象。水压式沼气池内产生的沼气集聚受阻,原料利用率下降,产气量减少;打开活动盖,池内表层产生浮渣,且结壳严重。

②原因分析。没有按操作规程定期对沼气池进行搅拌,使一部分日常所进池发酵的原料,在浮力的作用下上浮产生浮渣,进而形成结壳。

③防治措施。坚持定期按操作规程对沼气池进行搅拌。

打开活动盖,破坏结壳层,并在池中心插玉米或高粱秆5~10根,插秆高出液面,上端捆成三角形架。插秆也可以在装料时进行。

采取休池的办法。在冬季沼气池产气量低时,先用完沼气池内的沼气,打开所有的盖口,使沼气池处于零压力状态。从导气管上取下沼气连接胶管,让日常所产沼气自然向空中排放,继续向沼气池加料加水,使沼气池处于装满料状态,让沼气池停止运行即"休息"5~7天。这样可使沼气池上层的浮渣浸泡在沼液中,在恒压的情况下,浮渣就会自动向下蹋落,形成沉渣,再利用自动抽渣机械,将沼渣抽出来即可。此法对解决沼气池浮渣严重结壳有较好的效果。在休池期,应对沼气池输气系统进行一次全面检查,发现问题及时进行维修或更换,以确保沼气池安全运行使用。

3. 沼气池的维护

(1)潮湿保养 沼气池是水泥结构,建成后就需要进行潮湿养护。因为水泥是一种多孔性建筑材料,过于干燥会使毛细孔开放,从而发生沼气渗漏。常用的保湿方法是将池顶覆土,经常保持沼气池处于湿润状态。

(2)防止空池曝晒 新建或大出料的沼气池,经检查验收合格后,应立即装料、装水,不要空池晾晒。否则,沼气池内外压力失去平衡,损坏池墙,或被地下水将池底压坏,导致发生漏水、漏气现象。

(3)严防腐蚀 由于受酸碱料液的侵蚀,沼气池使用几年后有部分水泥材料和粉刷材料脱落,其密封性能被破坏,发生沼气泄漏现象。因此,每次大换料时,应将池壁洗刷干净,再将被腐蚀的坑洼面抹刷平整,然后刷1~2遍水泥浆,或纯水泥、水玻璃浆、塑料胶后,再压实抹平。

4. 沼气系统常见故障现象、原因和处理方法

沼气系统常见故障现象、原因和处理方法见表3-2。

表3-2 沼气系统常见故障现象、原因和处理方法

故障现象	故障原因	处理方法
压力上下波动,火焰燃烧不稳定	输气管道内有积水	将气用掉或放掉后,用高压气筒从灶前一处输气,将管内积水强行压入沼气池,增设集水瓶

续表 3-2

故障现象	故障原因	处理方法
打开开关,压力表急降,关上开关压力表急升	导气管堵塞或拐弯处扭曲,管道通气不畅	疏通导气管,理顺管道
压力表上升缓慢或不上升	沼气池或输气管漏气,发酵原料不足,沼气发酵接种物不足,池内发酵环境异常	检修沼气池和输气管道,增添新鲜发酵原料,增加沼气发酵接种物,改善池内酸碱度、浓度和温度
压力表上升慢,且到一定高度就不再上升	气箱、管道或浮罩漏气,进料管或出料间有漏水孔	检修沼气池气箱、管道或浮罩,堵塞进料管、出料间出现的漏水孔
压力表上升快,使用时下降也快	池内发酵料液过多或有浮渣,气箱容积相对变小	取出一些料液或浮渣,适当增大气箱
压力表上升快,气多,但较长时间点不燃	发酵原料接种物少,发酵不正常,农药或有毒物质侵入	排放池内不可燃气体,增添接种物或换掉大部分料液,调节酸碱度,全池换料,清洗池内
开始产气正常,以后逐渐下降或明显下降	逐渐下降是未添新料,明显下降是管道漏气,池内装有刚喷过药物的原料,影响正常发酵	取出一些旧料,添新料,检查、维修系统,解决漏气问题,堆沤收集的原料,等药性消失后再入池
平时产气正常,突然不产气	活动盖被冲开,输气管道破裂或脱节,输气管道被老鼠咬破,压力表漏气,池子突然出现漏水漏气,用后阀门未关或没关严	重新安装活动盖,接通输气管,更换破损的管道,修复压力表,维修池子,用气后关紧阀门
产气正常,但燃烧火力小或火焰呈红黄色	火力小是灶具火孔堵塞,火焰呈红黄色是池内发酵液过酸,沼气甲烷含量少,灶具风门空气进量不合理	清扫或用细铁丝捅开灶具的喷火孔,适量加入草木灰、石灰水或牛粪,取出部分旧料,补充新料,调节灶具的空气调节板(风门)
产气正常,灶具完好,但火力不足	沼气灶具混合空气不足	调节灶具的空气调节板
电子脉冲点火失灵	点火针被氧化,有污垢,打火架固定螺丝松动;电子脉冲点火不发火	清理干净电子脉冲点火针,用砂纸打磨,拧紧打火架螺丝,更换电池
沼气灯点不亮或时明时暗	沼气甲烷含量低,压力不稳,喷嘴口径不当,纱罩存放过久而受潮,喷嘴堵塞或偏斜,输气管内有积水,纱罩型号与沼气灯的要求压力不配套	增添发酵原料和接种物,提高沼气产量和甲烷含量,选用适宜的喷嘴,调节进气阀门,选用 100～300 支光的优质纱罩,疏通和调整喷嘴,排除管道中的积水,设置集水瓶
排渣管排渣不正常	液位差不够,排渣管下端淤积沉淀渣,秸秆等长纤维物质堵塞了排渣管	将排渣池多出的料液送到水压池,用竹竿捅通排渣管,或从水压池取些清液倒入排渣池,并经常排渣,用抓钩掏出长纤维物质或大出料

第四章　沼气配套设备的安装、使用与维修

第一节　沼气配套设备的安装

一、沼气配套设备的组成

由江西晨明实业有限公司（由江西省沼气公司改制后建成的从事沼气设备开发、生产、销售和大中型沼气工程设计与施工的专业公司）设计的沼气配套设备的安装如图 4-1 所示。从图中可以看出，沼气从沼气池的导气管引出来以后，经过输气管（也就是庭院的管子和用户室内的管子）、凝水器、净化器（内装有压力表、脱硫器）、开关、三通等管件，最后到沼气专用灶、热水器、饭煲和沼气灯上燃烧。沼气配套设备主要由输气管路、凝水器、压力表、脱硫器、沼气灶、沼气热水器、沼气饭煲、沼气灯、开关和三通等管件组成。

沼气配套设备必须精心设计安装在输气管路上，才可避免因组装管路过长、过细，造成压力损失过大；组装管路不考虑坡度，造成管路低处积水，甚至发生堵塞；组装管路接头处漏气，造成沼气灶具、灯具等供气压力不足，难以正常使用的现象。

二、输气管路的作用与安装

输气管路由导气管、输气管和开关、三通等件组成，作用是将沼气池产生的沼气输送到沼气灶具、灯具上燃烧。输气管路的安装如图 4-1 所示。

1. 导气管的选择及安装

沼气从池子里引出来，首先要经过导气管。一般情况下，在建池过程中，导气管已安装好。各地使用的导气管粗细、材质不一样，有的使用塑料管，有的使用不锈钢管。

（1）**导气管内径**　最好不小于 8 毫米，而且不要用缩口的管子。

（2）**导气管材质**　选择导气管要考虑沼气的成分中含有腐蚀作用的硫化氢。因此，要选择管壁厚一些的硬塑料管或不锈钢导气管。如选择硬塑料

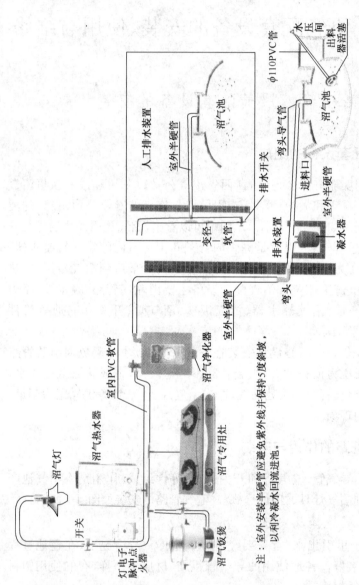

图 4-1　沼气配套设备的安装

注：室外安装半硬管应避免紫外线并保持 5 度斜坡，以利冷凝水回流进池。

管做导气管,可在做活动盖时,在盖子上留一个上口直径为6厘米、下口直径为4厘米的锥孔。将硬塑料管套上一个带孔的圆盘形铁盖或塑料盖(直径约为4.2厘米)放入锥孔中,再用黄泥密封即可使用。安装时,要将黄泥拌成砖瓦泥一样,填实、塞紧锥孔,但不能压破塑料管。

2. 输气管的选择及安装

输气管路的安装路线如图4-1所示。

(1)输气管内径　应根据沼气池型、沼气池到灶具、灯具的距离,沼气量的大小,以及允许的管道压力损失来确定。同时,输气管的内径还要与开关、三通等管件配套,否则,使用时就容易漏气。输气管内径的选择见表4-1。

表4-1　输气管内径的选择

池型	管路	管长/米	管径/毫米	
			软管	硬管
水压式	池→1个灶	10～20	8	10
	池→2个灶	10～20	12	15
浮罩式	罩→外墙入口	20	14	15
	外墙入口→灶	6	14	15
半塑式	池→灶	15	16	15

(2)输气管道的安装　输气管道一般选用塑料管。塑料管又有软塑料管材和硬塑料管材之分,安装方法也略有不同。我国南方一般选用软塑料管或硬塑料管,采用架空或沿墙敷设。在我国北方,一般选用硬塑料管埋在地下敷设,可以防冻,延长塑料管使用寿命。

①从沼气池中出来的沼气带有一定的水分和湿度,因此,沿墙敷设或埋地设置都要保证管道有0.01的坡度,并安装坡向凝水器,这样管子里的积水就会自动流入凝水器里。

②如果软塑料管架空穿过庭院,最好拉紧一根粗钢丝,两头固定在墙上或其他支撑物上,将塑料管用钢丝箍紧在粗钢丝上,每隔0.5～1米箍一根,以避免塑料管下垂成凹形而积水。

③管子经过墙角拐弯时,不要打死弯,以免管子通气不畅或易折瘪老化。

④管子敷设长度越短越好,多余的管子要剪下来,不要盘成圈挂在墙钉上,因为这会增加沼气压力的损失。

3. 硬塑料管(PVC)道的安装

①一般采用室外地下挖沟、室内沿墙敷设。室外管道埋深为30厘米,寒

冷地区埋在水冻线以下，或覆盖秸秆草保温防冻。室外最好用砖砌成沟槽保护，室内管道用固定扣固定在墙壁上，不得与室内电线交叉安装。

②管道布线要直、短、近。布线时，最好使管道的坡度和地形相适应，在管道的最低点安装凝水器。如果地形平坦，管道坡度为 0.01 左右。开关和压力表应靠近灶具安装，以减少压力损失。室内硬塑管道安装高度一般为1～2米。

③硬塑料管道采用承插式胶粘连接。在用塑料胶粘剂前，应检查管子和管件的质量及承插配合。如插入困难，可先在开水中使承口胀大，不得使用锉刀或砂纸加工承接表面，更不能用明火烘烤。涂敷胶粘剂表面必须清洁、干燥，否则影响粘接质量。

④胶粘剂一般用漆刷均匀涂抹，先涂管件承口内壁，后涂插口外表，涂层应薄而均匀，勿留孔隙，一经涂胶，即应承插连接。注意插口必须对正插入承口、切忌歪斜、转动插入，插入承口端面四周有少量胶粘剂少量溢出为佳。管子接好后不要马上转动，在常温操作（5℃以上）10 分钟后，才能移动。下雨天不宜在室外进行管道连接。

全部输气管道安装完毕后，应进行气密性和压力损失试验，检查合格后，才能交付使用。

4. 开关的选用

据调查，目前多数塑料开关存在不严密、易漏气、通孔直径太小、加工粗糙、内孔上有毛刺甚至不通、开关手柄太紧，不便于操作等问题。为此，用户应选购品质较好的球阀、旋塞阀和硬塑有膜开关。导气管从池子出来时必须装上一个开关，在每个灶具、灯具前各装一个开关。开关在安装前，要用压力为 5 千帕（即 50 厘米水柱）的空气或沼气进行密封性试验，5 分钟内压降若不超过 50 帕（即 0.5 厘米水柱），说明开关质量合格，否则不能安装，必须更换。

5. 输气管路的验收

在整个输气管路系统安装好后，用 8 千帕（即 80 厘米水柱）压力的沼气进行密封性试验。在 10 分钟内，压降不超过 200 帕（即 2 厘米水柱）就算合格。试验时，用肥皂水涂抹在管子与开关、三通接头处，以便观察是否漏气。另外，管道使用一段时间后，塑料管会老化、变硬或龟裂等，所以，每年要进行一次气密性试验，及时更换损坏或老化的零部件。

三、凝水器的作用与安装

凝水器放置在管道的最低处，主要用于排除管道中的积水，保证沼气使用畅通。瓶型凝水器安装在用户室外低处的输气管道上、地平线下面的池坑内。瓶形凝水器如图 4-2 所示,瓶子的高度一般为 25～30 厘米,瓶的直径可大可小,一般为 10 厘米。

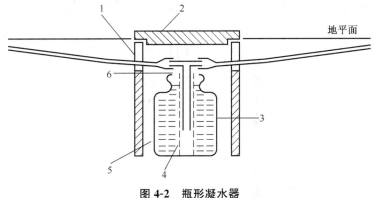

图 4-2　瓶形凝水器

1. 软管孔　2. 起保护作用的松动盖子　3. 装满水的瓶　4. 支撑 T 形管在正确深度的导向装置
5. 让过量水排出的开口　6. 打开,让过量的沼气放出去

四、U 形压力表的作用与安装

(1)作用　用于检查沼气池、管道接头和开关是否漏气,根据水压式沼气池的检测压差,可以估算沼气池的贮气量。

(2)安装　如图 4-3 所示,U 形压力表的刻度一定要准,U 形管的长度要根据沼气池经常达到的最高压力值来确定。为防止沼气池有时压力过高,把 U 形管里的水吹掉,在 U 形管道往大气的一端,接上一个体积稍大的葫芦状的积水瓶(图 4-3 中的瓶 B)。这样,压力表又增加了压力安全阀的功能。使用压力表时,玻璃管内加点红墨水,无压力时水位一定要在"0"刻度处。测试压力正确读数是将两根管子水位高度相加,而不是只读一侧数据。U 形压力表一般安装在开关前面。当不点火时,压力表上的压差表示沼气池内的压力;点火以后,压力有所下降。因为沼气经过管道时,与管子内壁有摩擦,压力会有所损失。

目前,市场上已有新式小型沼气压力表供应,其体积小、耐腐蚀、精度高,安装、使用方便,可选用 0～10 千帕(0～100 厘米水柱)规格的压力表,安装在水压式沼气池的管路上使用。各种浮罩式沼气池还是采用自制的 U 形压力表为好。

五、脱硫器的作用与安装

在炊用沼气中,若含有少量硫化氢有害成分,不仅危害人体健康,而且

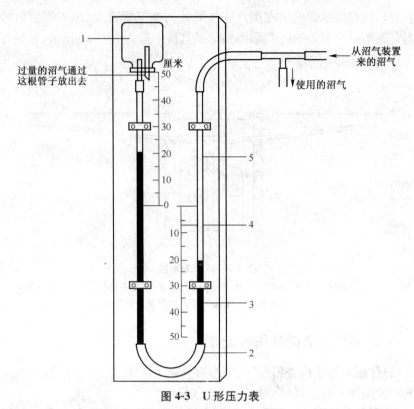

图 4-3　U 形压力表
1. 瓶 B　2. 橡胶软管　3. 有色的水　4. 刻度　5. 玻璃管

对厨房金属器具和管道阀门都有较强的腐蚀作用，因此，农户炊用沼气要安装脱硫器。脱硫器能将沼气中的硫化氢净化到 0.02 克/米³ 以下，保证农户炊用沼气对人体无害。

从图 4-1 中可以看出，由江西晨明实业有限公司生产的沼气净化器可以将沼气净化、压力指示、调节压力同时完成。沼气净化器安装在凝水器与沼气灶具之间的输气管道上，使用功能齐全、方便、安全可靠。

脱硫器也可以人工制作，图 4-4 是人工制作的简易脱硫器。它用两个去掉底盖的 500 毫升饮料瓶，内装一块钻有许多直径 1~1.5 毫米小孔的塑料圆片，并盖有 2~3 层塑料窗纱叠成的圆垫，再将饮料瓶对接，用塑料胶带粘合而成圆柱壳体。两端瓶盖分别开孔，粘接上塑料管嘴作为沼气进、出口接头。打开上端出气口的瓶盖，即可装卸颗粒状的脱硫剂。简易脱硫器使用时要竖立安装，塑料圆片在底部，沼气由下而上通过。

脱硫器内的脱硫剂最好使用山西省汾阳催化剂厂生产的 TG 型、北京南郊科星净化剂厂生产的 TTL-1 和 TTL-2 型及上海煤气公司生产的 PM 型脱硫剂,其脱硫效果好,使用寿命长。如果没有购到也可以自制脱硫剂。将粒度为 0.6～2.4 毫米的铸铁屑或铁屑和木屑按质量比 1∶1 掺混,洒水后充分翻晒进行人工氧化。使用前,再掺混 0.5% 的熟石灰,以调节脱硫剂的 pH 值达到 8～9,并均匀喷洒清水,使含水率达到 30%～40%。采用人工氧化铁做脱硫剂比较方便,经济实惠。

六、沼气灶具、灯具和热水器的作用与安装

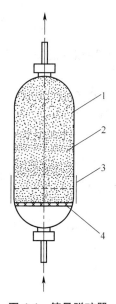

图 4-4　简易脱硫器
1. 饮料塑瓶　2. 脱硫剂
3. 塑料胶带　4. 多孔塑片

沼气灶和沼气饭煲可用于煮饭、炒菜、烧开水,沼气灯可用于照明,沼气热水器可用于洗澡。其安装位置可参考图 4-1。

沼气池的正常工作压力是 8 千帕(80 厘米水柱),从沼气池到灶具、灯具的输气管长度不宜太长,否则,压力降低过大会影响沼气灶具和灯具的燃烧效果。安装输气管要规范、整齐,不能到处乱绕,这不仅会增加输气的阻力,影响美观,更严重的是管子老化开裂、漏气,检查起来既慢又困难。所以,选择输气管内径一般用 1 厘米质量好的管子,距离远时还必须适当加大管径。安装输气管要保证畅通,折弯处应用管件连接,开关、压力表与灶具连接处一定要卡紧。天气寒冷时,输气管较硬,可用热水烫一下,使其变软再连接,不要硬挤管接头,否则会受损裂缝。输气管、开关、压力表与灶具连接好后,关闭灶具和灯的开关,打开入室内的输气管上的开关,通入沼气,用肥皂水检查各连处有没有漏气,同时,观察压力表指示是否基本稳定不变。一切正常后,便可以使用沼气灶和沼气灯了。如有漏气,则应查找是室内还是室外部分漏气,重新检查不漏气后,方可使用。

第二节　沼气配套设备的使用与维修

近年来,沼气配套设备的发展经历了一个从无到有、从有到多、从多到精的发展过程,沼气配套设备的安装、使用水平也不断提高,特别是国家相继出台了一系列沼气及沼气设备安装标准和操作规程,使沼气建设在向科学化、标准化、规范化发展上上了新台阶。

一、沼气的燃烧特性

(1)沼气的燃点高　液化气着火点为 360℃,而沼气的着火点为 650℃～700℃。

(2)沼气燃烧速度低　沼气燃烧的速度为每秒 0.2 米,只是液化气燃烧速度的 1/4～1/3,煤气的 1/12。因为燃烧速度低,当气体流速大于燃烧速度时,沼气还没有来得及燃烧,气体就跑掉了,会造成脱火。

(3)沼气燃烧空气混合比大　沼气在燃烧时需要大量空气。正常情况下,一份沼气需要 5.7 倍的空气,是液化气的 4 倍。同时,它所需要的空气量又分为一次空气和二次空气。一次空气是沼气燃烧前需要混合的空气,二次空气是沼气燃烧时,由火焰周围大气所提供的空气。

(4)沼气的压力低　沼气属低压范畴,国家标准规定,池压应低于 10 千帕。沼气压力分池压和灶前压力。不使用沼气时,池内与输气管路的压力是相等的;使用时,灶前压力小于池压,因为气体流动时,管路和管件有一定的阻力,从而产生压力损失。因此,输气距离不应超过 30 米,管路安装时,应坚持近、直两个原则。

(5)沼气有较强的腐蚀性　硫化氢来源于发酵原料中的含硫化合物,是一种有毒气体,燃烧后生成二氧化硫会污染大气。同时,硫化物还会强烈腐蚀输气管路中的金属部件。

因此,所有的燃具和输配系统中的管路、管件、仪表的设计、安装都应与沼气的特性相适应,才能做到科学用好沼气。

二、沼气灶的使用与维修

1. 沼气灶的分类

(1)按材质不同分类　可分为铸铁灶、搪瓷面灶和不锈钢面灶。

(2)按使用压力不同分类　可分为 800 帕、1600 帕两种。铸铁单灶一般使用压力为 800 帕,不锈钢单、双眼灶为 1600 帕压力。

(3)按燃烧器的个数不同分类　可分为单眼灶和双眼灶。

(4)按燃烧的热流量不同分类　可分为 8.4 兆焦/时、10 兆焦/时、11.7 兆焦/时,最大的有 42 兆焦/时。

(5)按使用类别不同分类　可分为户用灶、食堂用中餐灶、取暖用红外线灶。

(6)按点火方式不同分类　可分为人工点火灶、电子点火灶和脉冲点火灶。

2.沼气灶的结构和技术参数

(1)人工点火铸铁灶的结构　主要由喷嘴、调风板、引射器和头部等部分组成。人工点火沼气灶如图4-5所示。

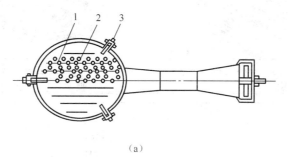

(a)

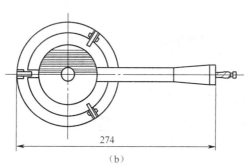

274

(b)

图4-5　人工点火沼气灶

(a)TJ-1型沼气灶　(b)营口C-7型沼气灶

1.主火孔　2.辅助火孔　3.活动支撑

(2)电子点火灶的结构　主要由不锈钢灶壳、火盖板、锅支架、风门、炉头、引火器和开关总成等组成。电子点火沼气灶如图4-6所示。

(3)灶具技术参数　1983年,国家制定了《家用沼气灶》标准,并于2001年进行了修订。家用沼气灶具的主要技术参数见表4-2。

3.沼气灶的选用

(1)人工点火灶的选用

①合理选灶　国家制定了《家用沼气灶》标准后,对灶具的材质、结构、灶前压力、热负荷、热效率和烟气中一氧化碳含量都规定了技术要求。目前,北京、辽宁、江西和浙江等省市都有生产沼气灶具的企业。用户应参考表4-2中主要技术指标,选用名牌生产厂家的优质产品。

②使用人工点火灶具时,先点着火柴,再打开灶具前的开关,具有一定压力的沼气从喷嘴喷出来以后,在引射器内与射进来的部分空气(也叫一次

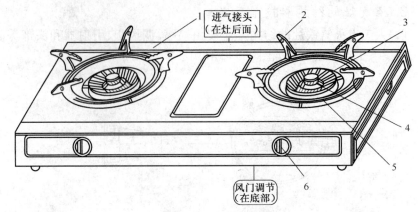

图 4-6　电子点火沼气灶

1. 灶具面板　2. 钢支架　3. 外环火盖　4. 中心火盖　5. 炉头　6. 旋钮

表 4-2　家用沼气灶具的主要技术参数（GB/T 3606—2001）

灶具名称	额定压力	热负荷		热效率	CO	备注
	/帕	/千瓦	/(千焦/时)	(%)	(%)	
国家标准	800 1600	2.78 3.26	8368 10041.6 11715.2	55	0.1	
北京-4 型灶	850	2.78	10041.6	>55	<0.1	当压力为 400 帕时,能达到 70% 的设计热负荷
北京-5 型灶	200	2.78	10041.6	>55	<0.1	
TJ-Ⅰ 型灶	1500	2.78	10041.6	>55	<0.1	火盖为耐火陶土,耐腐蚀性较好
营口 C-7 型灶	1150	2.80	10108.5	>55	<0.1	锅支架可调节,适用各种锅型
JZZ2-1 型电子点火双眼灶	1600	2.78 3.26	10041.6 11715.2	>55	<0.1	电子打火命中率大于 80%

空气)充分混合,再与燃烧器炉头火孔四周的部分空气(也叫二次空气)混合,然后点燃,即可使用。

　　③点火前,应把灶具与燃气软管接牢并用卡箍收紧,以免漏气引发事故。灶具与燃气胶管相连如图 4-7 所示。

　　④用开关来控制灶前压力。户用水压式沼气池的特点是产气时池压升高,用气时池压下降,使用的整个过程中,灶前压力都在波动。这就需要用开关来控制。如北京-4 型沼气灶,不用开关调节时热效率只有 57%,用开关

调节灶前压力,其热效率能达到 60.1%。因此,用户无论使用哪种灶具,都要把灶前压力尽量调节到灶具所设计的压力才好。

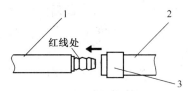

图 4-7　灶具与燃气胶管相连
1. 灶具管　2. 燃气胶管　3. 卡箍

⑤正确使用调风板。沼气在燃烧时需6 倍左右的空气。沼气的热值会随池内加料的种类、时间、温度不同而发生变化。调风板就是为适应这种不断变化的状态而设计的。应通过正确使用调风板适当调节风量的大小,以便使沼气完全燃烧。调风板开得太大,空气过多,火焰根部容易离开火焰孔,会降低火焰的温度。根据经验,调风板开度应为 3/4,以调至火焰呈蓝绿色为宜,这样才能使沼气完全燃烧,从而获得较高的热效率。

⑥加铁锅圈。把灶具放在灶台上使用,可以在灶具和锅的外面加一个铁锅圈,这不仅可以防止风把火吹灭,而且还能提高热效率。实践证明,把一个直径 38 厘米、高 20 厘米的铁锅圈套在 24 厘米的铁锅外面,在同样条件下,有锅圈的比没有锅圈的热效率提高 30% 左右。这是因为有了锅圈,热烟气能够与锅壁接触,锅圈被加热后又有部分热能辐射给铁锅,从而提高了灶具的热效率。铁锅圈可用破脸盆或用陶土或耐火泥制成,其效果更佳。

⑦正确使用锅支架。一般沼气灶上有 3 个活动支架,可放平底锅、圆底锅或尖嘴锅。由于铁锅大小规格不一样,有的锅底距离燃烧器头部很近,就会产生压火现象;有的锅底距离燃烧器头部很远,会使热效率降低。因此,要正确使用支架,将燃烧器头部与锅底调节至一个适当的距离。辽宁营口 C-7 型沼气灶的支架是可以调节的,适于各种锅型。

⑧大、小锅区别用火。用大锅时,可把火调旺些;用小锅时,要把火调小些,目的是使沼气燃烧所放出的热量能完全被锅吸收,提高其热效率。若灶具火力小,要及时清洁火孔。

⑨沼气灶使用时不能离人。若火焰被风吹灭要迅速关掉气源开关,使用结束时,要随手关闭用气开关。

(2)电子点火灶的使用

①灶具特点。灶壳采用不锈钢材料,有耐酸、耐碱、防锈的功能。炉头根据沼气燃烧特性制作。与液化器炉头相比,其喉管较粗、风门进气口面积大、燃烧器火孔面积大,有的沼气灶使用了液化气炉头,热效率低。点火开关有防脱火装置,点火率高。设计电压为 1.8 千伏,液化气灶只有 8～9 千伏,压电陶瓷能使用 35000 次。

②安装。将已安装灶脚的灶具放在瓷板、石板、水泥板等阻燃材料制作

的灶台上,接上被脱硫后的沼气连接管(可选用壁厚为1.5毫米、内径为10毫米的PVC软管),灶前不要留过长软管。使用前,要撕掉不锈钢灶面上的塑料保护膜。脉冲点火灶具还应装入一节碱性电池,电池上有识别标记"LR6",注意正负极不能接反,安装在电池盒内要到位,再盖好电池盖,按下灶旋钮能听到"哒、哒、哒"声音,说明电池装好了。应注意过几个月后,"哒、哒、哒"声过慢就说明应换电池,如果灶具长期低电压工作,将会因为过载而损坏脉冲电路。

③点火。电子点火和脉冲点火的开关都设有自锁装置。点火时应向前推,再向左旋,如强力扭动,会损坏开关旋钮。开关旋钮应先慢推向左旋至45度角,再旋转至90度。这样,可以让点火器周围充满沼气,容易点燃。

④调风门。风门在灶具底部,是两个蝶形不锈钢片,位于炉头进气口前端。炉头进气口也有两个扇形洞口,盖上蝶形不锈钢片即可关闭风门,反之打开风门。在使用中,需要通过风门调节火焰时,应先调大火风门,再调小火风门。正常的火焰为蓝色,如蓝色偏淡则证明甲烷含量低,气还不纯,应调至每个火孔火苗短促有力为止。如调成火苗离开火盖板燃烧,则为进风过大;如调成火焰连成一片为风门过小,这时火苗蹿得很高,看似火很大,但火焰热值不高。用户应注意,沼气品质较好时,才能用电子点火灶具,如产气不纯,则不要急于用电子点火灶,还是用人工点火灶具为好。

⑤调压力。电子点火灶具是一种压力适应范围较大的高效节能沼气灶,在低压500帕至高压5000帕都能正常燃烧,但最理想压力是1600帕。家用水压式沼气池压力波动大,早晨压力高,中午或晚上压力会降低。目前,沼气灶的设计压力多为800帕和1600帕(即80毫米水柱和160毫米水柱)两种。当灶前压力与灶具设计压力相近时,燃烧效果最好。当沼气池压力较高时,灶前压力也同时增高,当大于灶具的设计压力时,热负荷增加,虽然火力大,但灶具的热效率却降低了,浪费了沼气。所以,在沼气压力较高时,要调节灶前调压开关的开启度,将开关关小一点,控制沼气流量,从而保证灶具具有较高的热效率,以达到节气的目的。

⑥沼气灶使用时不要靠近衣物、爆竹等易燃、易爆物品。

⑦沼气灶使用中,火焰被风吹灭或被水淋灭要迅速关闭气源开关,使用后,也要随手关闭用气开关。

沼气灶的选用要根据自己的经济条件、沼气池的大小及使用需要来选择。如果沼气池较大,产气量多且质量高,可以选择双眼沼气灶。如果有条件,最好选择电子点火不锈钢灶面的双眼灶,使用方便,美观耐用。如果沼气池小、产气量少,只用于一日三餐做饭,可选用单眼灶。

4. 沼气灶的维护保养

注重沼气灶的日常保养,可延长灶具使用寿命。现以电子点火灶具为例加以介绍。

①要定期向开关轴芯滴润滑油,每月滴一次,每次2～3滴。每日用后应将灶面擦净。

②火盖上的孔洞大小是经过计算而设计的,孔洞小了就会影响燃烧效果。如发现灶具火焰不均匀或发红,就应清理火盖孔的脏物,如火盖孔长期被堵,会造成灶具回火,烧坏开关总成。

③开关总成上有个白色瓷针,开关的高压电就是通过瓷针传至引火器的。点火瓷针如被污染或锈蚀,会影响火花放电的强度。因此,要定期清理瓷针的污垢。

④脉冲点火灶与电子点火灶保养相同,其不同之处是当电池"哒、哒、哒"放电频率减慢时,要及时更换电池,以免损坏电路。

5. 沼气灶常见故障及排除方法

(1)人工点火灶具常见故障及排除方法

①火焰过猛,燃烧声大。

原因分析:灶前沼气压力大,调风板打开太大。

排除方法:调小灶前开关,关小调风板。

②火焰脱离燃烧器。

原因分析:喷嘴堵塞,沼气压力低;一次空气过剩,沼气中甲烷含量少。

排除方法:清洗疏通喷嘴,关小调风板,向池内添新料,以提高沼气灶前压力。

③火焰大小不均匀或有波动。

原因分析:燃烧器堵塞或喷嘴没有居中,输气管里有水,积水会引起火焰波动。

排除方法:重新安装喷嘴并清洗喷嘴,清除输气管内的积水。

④燃烧器点不着火。

原因分析:输气管堵塞或折叠,沼气通不过;室内通风不良造成缺氧。

排除方法:理顺输气管,用打气筒打气,清除管子内的杂质,打开门窗。

⑤开关上的旋钮转不动,开度不足。

原因分析:旋钮帽压得太紧或缺油。

排除方法:松动旋钮帽或加注润滑油润滑,来回旋转几次。

(2)电子点火灶具常见故障及排除方法

①瓷体漏电放火花。

原因分析:点火瓷针有裂纹。

排除方法:查找原因,更换瓷针。

②开关旋钮转不动

原因分析:开关压条出现毛刺,开关阀心锈蚀。

排除方法:将开关压条取下,用锉刀将毛刺锉平,并滴上润滑油再使用或重新更换压条。在更换压条后旋钮还转不动,说明开关阀心锈蚀,应拆卸开关阀心进行清洗润滑,清洗转动后,装复原位。

③火焰微弱,甚至不点火

原因分析:点火瓷针被污染或损坏。

排除方法:清洗瓷针污垢,若损坏应更换。

(3)脉冲点火灶具常见故障及排除方法　脉冲灶是连续点火,着火率很高,是由脉冲点火器和脉冲开关总成组成。如高压线及瓷针都良好时,以下几种原因会使点火失灵:

①未及时更换电池,电极被腐蚀,接触不良或电池电压不足。排除方法是更换电池。

②脉冲盒接至开关总成的电线有断头或破皮漏电。排除方法是接上或包扎好电线。

③开关总成的接触片生锈,或有脏物使电路不通。排除方法是反复旋转旋钮,使接触片互相摩擦达到除锈目的。

三、沼气灯的使用与维修

1. 沼气灯的分类

①按额定压力不同可分为高压灯和低压灯。

②按设置位置不同可分为吊灯和台灯。

③按点火方式不同可分为人工点火灯和脉冲点火灯。

2. 沼气灯的结构

沼气灯是把沼气的化学能转变为光能的一种燃烧装置,是利用纱罩在沼气的高温燃烧中发出的光来照明的用具。沼气灯主要由引射器、泥头、纱罩、反光罩和玻璃灯罩、喷嘴等组成。沼气灯的结构如图 4-8 所示。

(1)引射器　为简化结构,引射器做成直圆柱管,与喷嘴用螺纹直接联接,引射器在喷嘴上可转动自如。引射器上有对开两个椭圆孔,作为一次空气进入口。一次空气进入量的多少,可通过转动像灶具风门一样的调风套,调节进风口大小。

(2)泥头　相当于燃烧器的头部,上面安装纱罩,用耐火材料制成,端部

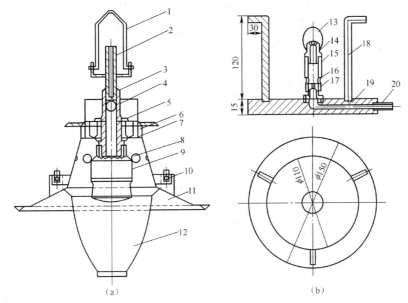

图 4-8　沼气灯的结构

(a)沼气吊灯的结构　(b)沼气台灯的结构

1. 吊环　2. 喷嘴　3. 横担　4. 一次空气进风孔　5. 引射器　6. 螺母　7. 垫圈

8. 排烟孔　9. 泥头　10. 开口销　11. 反光罩　12. 玻璃灯罩　13. 纱罩　14. 泥头

15. 引射器　16. 一次空气进风孔　17. 喷嘴　18. 支架　19. 底盘　20. 接管

开有许多小孔,起均匀分配混合气和缓冲压力的作用,与引射器用螺纹联接,以便损坏时更换。

(3)**纱罩**　灯发光元件,由苎麻、植物纤维、人造丝混合制成需要的罩形后,在硝酸钍的碱溶液中浸泡,使纤维上吸满硝酸钍后,晾干制成。

(4)**反光罩**　又称聚光罩,用来集聚光线,一般用白搪瓷制成。

(5)**玻璃灯罩**　用耐高温玻璃制成,用来防风、防虫和保护纱罩。

(6)**喷嘴**　用于喷高压沼气,由金属管制成。

3. 沼气灯的发光过程和技术参数

(1)**发光过程**　当沼气从较小的喷嘴以较高的压力喷出时,引射了燃烧所需要的全部空气,在混合管内进行充分混合,然后从泥头上许多小孔流出,燃烧时,只见极短、清晰的蓝色火焰。如果在泥头上套有预先浸有硝酸钍溶液的纱罩,它在高温下氧化成氧化钍,从而产生强烈的白光。

(2)**技术参数**　沼气灯可与水压式沼气池配套使用,其照度有 60 瓦、45瓦和 30 瓦等几种规格。沼气灯的主要技术参数见表 4-3。

表 4-3   沼气灯的主要技术参数

灶具名称	额定压力/帕	热负荷		照度/勒克斯	发光效率/(勒克斯/瓦)	一氧化碳(%)	备注
		/瓦	/(千焦/时)				
国家标准	800 1600 2400	最低 410 最高 525	1464.4 1882.8	60 45 35	0.13 0.10 0.08	0.05	
湖北枝江Ⅰ型吊灯	2000	333	1200.8	<45	>0.13		
DY-1 型吊灯	800	580	2092	<60 >45	0.10	<0.05	
DY-1 低压吊灯	400	406	1464.4	<35	<0.08	<0.05	用于半塑式沼气池
南华牌低压吊、台灯	400	419	1514.6	<35	<0.10 >0.08		
湖南华容高压吊灯	4000	638	2301.2	>60	>0.13		压力超过标准

4. 沼气灯的正确使用

沼气灯是通过燃烧沼气产生高温,使纱罩上的氧化钍激发出白光,其亮度相当于 40~60 瓦的电灯泡,深受农民欢迎。但若使用不当,容易烧破纱罩或玻璃罩。使用中,应注重技巧,可以延长其使用寿命。

(1)扎正纱罩、剪掉线头   初用沼气灯或新换纱罩时,应将纱罩端正地紧扎在泥头上,不能偏斜。否则,点燃时纱罩歪向一侧,会使玻璃罩受热不均匀而破裂。纱罩上的线头要从结扎处平蒂剪掉,不留"尾巴"。如"尾巴"过长,既消耗热量,又会"搭"在纱罩上使之破裂。

(2)缓扭开关,靠近点火   给沼气灯送气时,应缓扭开关,先小后大。如送气过急,沼气会冲破纱罩,甚至使纱罩脱落,使用过的纱罩会一触即碎。点火时,应从灯座上的散热孔或玻璃罩的孔伸入,离近纱罩即可,千万不要触及。

(3)张手吹气,慢调喷嘴   刚点燃沼气灯,有时火焰呈红黄色不亮。这时,可伸出手掌,五指并拢,斜对玻璃罩下孔,往手掌上吹气,气流折射到纱罩上,即可使光焰白亮。千万不要直接向纱罩上猛力吹气,以防吹破。如仍不亮,则应考虑沼气不匀或喷嘴不畅,其处理方法如下:

①一手捏住吊杆,一手将灯帽边缘慢慢来回转动。

②扭动开关,一小一大反复几次,使气通过,待听到"砰"的一声轻响,灯

就亮了。

(4)经常检查、及时更换　沼气灯最好每天都用,以防喷嘴锈蚀、堵塞。如果沼气池产气正常,而灯不亮,则应考虑以下因素:

①输气管路是否破损或有折叠,应及时更换或拉直。

②开关是否松动、漏气,应经常检查、维修。

③喷嘴是否堵塞、锈蚀,可用小针通开,再猛吹几口气,使之畅通。

④纱罩是否破损,如破损应换新件,不要勉强使用,否则火焰会从洞口冲出,容易烧炸玻璃罩。

(5)选购注意事项

①选购沼气灯时,应检查喷嘴孔是否偏斜,喷嘴装在引射器上是否同心。

②选购与沼气灯配套的纱罩。

③沼气灯悬吊高度以距地面1.9米为宜,过高不宜点火和调节,过低妨碍人在室内活动。

④根据沼气池夜间经常达到的气压来选择不同额定压力的沼气灯。如果超过灯的额定压力太多,虽然灯较亮,但耗气量大,而且容易将纱罩冲破。所以,必须在灯前安装开关,用来控制沼气灯前压力。

⑤初次使用时,应将调风板的位置调好,使灯达到最亮程度。只要空气调节适当,即使在沼气流量不增加的情况下,其亮度也能提高很多。

⑥沼气灯停止使用后,不要忘记关开关,关闭气源。

5. 沼气灯的维修

(1)沼气灯的维护

①经常检查吊环是否安全,否则应紧固。

②检查喷嘴工作情况,如有堵塞应疏通。

③经常擦拭反光罩上的灰尘,以保灯亮洁。

④经常擦拭和检查玻璃灯罩,去除灯罩外表的灰尘,检查灯罩是否破裂,及时更换新件。

⑤新烧纱罩时,沼气压力要足,烧出来的纱罩才饱满发白光。纱罩应用透光较好的玻璃罩来保护,以防飞蛾等昆虫撞坏纱罩或被风吹破纱罩。燃烧后的纱罩不能用手或其他东西触击,因为纱罩燃烧后,人造纤维被烧掉,剩下的是一层二氧化钍白色网架,一触就会破碎。

(2)沼气灯常见故障及排除方法

①沼气灯不亮。

原因分析:喷嘴孔径过小或堵塞,沼气少。喷嘴过大,一次空气引射不足。调风孔的位置未调好,纱罩质量不好或受潮。

排除方法:疏通喷嘴,加大沼气进入量。调节好进风量,更换新纱罩。

②沼气灯光由白变红。

原因分析:沼气压力不足,气量减少,喷嘴堵塞,新投料池或大换料池不久,沼气中可燃气体少。

排除方法:调节进气开关,加大沼气量。用针或细钢丝疏通喷嘴,等沼气池产气正常后再使用。

③沼气灯忽亮忽暗不稳定。

原因分析:引射器设计加工不好,输气管内有积水或被堵塞,灯被大风吹动。

排除方法:调整、维修引射器,清除输气管内积水或杂质,吊装沼气灯应避开大风吹。

④纱罩冲破脱落破碎。

原因分析:沼气压力过高,纱罩没有安装好,点灯时纱罩振动大。

排除方法:用开关调节灯前压力为灯的额定压力,正确安装纱罩,点火时不要碰触纱罩,要用玻璃罩保护好纱罩,防止蚊蝇扑撞纱罩。

⑤灯燃烧时有明火。

原因分析:一次空气量不足,沼气压力太大,纱罩破损。

排除方法:调大进风量,调节调压开关,减少压力,使压力在沼气灯允许范围内,更换纱罩。

6. 电子脉冲点火器的使用与维修

电子脉冲点火器是高照度沼气灯的配套产品,以前农村沼气灯,绝大多数用火柴,弊病较多,不方便,不安全;不易点火,易产生爆火,较危险;易碰坏纱罩,增加用户开支。选用电子脉冲点火器可以解决上述弊病。

(1)电子脉冲点火器的结构　主要由点火体和开关盒两部分组成。

(2)电子脉冲点火器的安装与使用

①安装前的准备。准备两节5号电池,电池最低工作电压为2.2伏。塑胶电线使用农村常用照明多股线,长度6~8米,最长不超过10米。电子绝缘胶布。螺钉旋具用于固定点火体和玻璃罩。先用万用表检测点火体内高压线圈电阻,一般在500欧。

②安装开关盒。开关盒应和沼气开关固定在一处墙壁上,从开关盒引出两根塑胶线。

③安装点火体。从开关盒引出两根塑胶线,沿输气管路走线至沼气灯吊环以下,再将点火体瓷针从沼气灯排烟孔插入纱罩1/3处,距纱罩3~4毫

米,然后将两根导线分别与两根塑胶线连接后,用电工绝缘胶布包好。

④安装时关键技术要求。烧纱罩时必须将点火体拿开,避开明火烧,待纱罩成形后,可装上点火体。若长期不用,应将安装好的电池从盒中取出,以防电解质腐蚀,注意纱罩受潮。

⑤开气试用。先开沼气开关,后开开关盒的开关,1~2秒钟即可点着沼气灯。

(3)电子脉冲点火器常见故障及排除方法

①故障现象:沼气池产气正常,点火器不打火;打火间断、弱小;打火点不着火。

②原因分析:电池正负极氧化接触不良或无电流;瓷针尖端积炭,瓷针至纱罩距离过远;塑胶线接线头氧化接触不良或线有断路。

③排除方法:用刀片刮去电池正负极氧化膜或更换电池;用刀片刮除瓷针积炭;调整瓷针与纱罩距离;检修或更换塑胶线路。

四、沼气饭煲的正确使用

(1)沼气饭煲的结构　沼气饭煲类似电饭煲,一次可以煮2千克左右的米饭,使用方便、节能环保,主要由主燃开关、保温开关、感温器、汁受器、风罩、内煲和煲盖等组成。

(2)使用注意事项

①饭煲应置于平稳通风的室内,离墙10厘米以上,并勿靠近其他易燃易爆物品。

②安装时,用直径9.5毫米的输气软管插入饭煲进气口,并用管夹夹牢固。

③点火时,轻缓地压下主燃保温开关,脉冲点火(启用前应安装电池)的饭煲发出5秒钟左右的连续打火声,电子点火的饭煲按下后至端点时,停留1~2秒钟再按旋钮,发出"砰"的一声,火即点燃。有时由于管内有空气点不着火,可重复按动几下开关,直至点着火。

④煮饭时,为安全起见,应将风罩取下再点火,确认火已燃烧正常后,将风罩与盛米和水的内煲平稳放入煲内,并盖好煲盖,按下开关后,才能离开。

⑤饭熟后,主燃烧器自动关闭,进入保温状态,保温完毕应将保温开关提到上端原位,关闭燃气开关。

⑥使用中,要爱护内煲,不要碰撞使其变形。

⑦饭煲使用出现故障,应请专业人员维修。

五、沼气热水器的正确使用

(1)沼气热水器的结构　沼气热水器因耗气量大,单个沼气池使用热水器的用户较少，多用于沼气系统，有的还使用溶剂式热水器供温水在冬季养殖水产品。

　　沼气热水器主要由水路系统、燃气系统、热交换系统、烟气排除系统组成。系统主要部件为主燃烧器、水气连动阀、电磁阀、热交换器、燃烧室、排烟腔、水温调节旋钮和燃气调节旋钮等组成。

　　(2)使用注意事项

　　①热水器应安装在离输气管、水管较近又能给热水器充分供给燃烧所需氧气的地方。

　　②水管和气管连接处必须用卡扣扣紧，以免气或水压力大时，将输气管或输水软管冲开。

　　③出热水应从"点火观察孔"中确认火种点燃后，打开冷水阀门，大火即燃烧，水从热水口流出，几秒钟后即可使用热水。

　　④热水器出水温度的高低由火的大小和水的大小来调节。当火的大小调好后，出水温度由"水温调节旋钮"调节。水开得大，出水温度低；水开得小，出水温度高。当水的大小调好后，出水温度由"燃气调节旋钮"调节。火开得大，出水温度高；火开得小，出水温度低。

　　⑤暂停使用热水器时，只需关闭"冷水阀门"即无热水流出，大火自动熄灭。这时火种仍点燃，如需再用热水，可打开"冷水阀门"，大火自动燃烧，热水即来。

　　⑥停止使用时，应先关闭"燃气阀门"，再关闭"冷水阀门"，确认水、气阀门关闭后，人才能离去。

　　⑦使用沼气热水器安全第一。如热水器出现故障，一定要请专业人员维修。

六、沼气压力表的正确使用

　　(1)沼气压力表的结构　　沼气压力表是观察沼气池内大概有多少沼气的指示仪表，可用于检验沼气池和输气管路是否漏气和用气时根据池内压力大小来调节沼气流量，使灶具在最佳条件下工作。用户使用的压力表大部分是 U 形玻璃管式液体压力表。这种压力表结构简单、使用灵敏度高、价格低廉。但玻璃管在运输途中易破碎，使用一段时间后，由于温度的变化会造成示值不准、刻度模糊、不易读数。当沼气池压力快速增高时，如不注意，U 形压力表的液体会被冲走，如未及时处理，易发生安全事故。目前，用户逐渐用新式膜盒式压力表和玻璃直管压力表来替代 U 形压力表，因为新式压力表体积小、耐腐蚀、读数直观。

（2）**使用注意事项**　U形压力表一般安装在开关前面。压力表上，左右两根水柱的水位在同一水平线上（即位于零刻度），表明池内压强与大气压强相等。当与输气导管相连的一端管子水位下降，另一端水位上升时，则为"正压"，表明池内沼气产生。U形管的水位差，就是沼气池内沼气的压强与大气压强的差值。相反，压力表上与大气相通的一端水柱下降在零刻度以下，表明池内沼气压强低于大气压即为"负压"。

不点火时，压力表上的压差表示沼气池内的压力；点火以后，压力有所下降。因为沼气经过输气管路时与管子内壁有摩擦，所以，压力有些损失。这时压力表上的压差并不代表灶具前的压力，因为在压力表后还有一段灶前管子和三通、开关等部件。所以，灶前的实际压力要稍小一些。如分离贮气浮罩沼气池配套使用的低压北京-4型沼气灶，它的设计额定压力是850帕（8.5毫米水柱）。只有使压力表上的压差控制在1.1～1.5千帕（11～15毫米水柱）时，才能使北京-4型沼气灶的使用压力接近原设计压力，从而保证灶具的额定热负荷和较高的热效率。

七、沼气脱硫器的正确使用

（1）**沼气脱硫器的结构**　为减轻硫化氢对灶具及配套用具的腐蚀损害，延长设备使用寿命，保证人员健康，必须按要求在输气管路中安装脱硫器。脱硫器有湿法脱硫和干法脱硫两种。目前，家用沼气池脱硫器基本采用干法脱硫。

（2）**使用注意事项**

①脱硫器一经使用，不能有空气进入。在沼气池出料时，如果用户没有关闭输气管路上所安装设备，如灶具、灯具上的开关，就会导致空气进入脱硫器，使脱硫器内的脱硫剂产生化学还原反应，出现高温，造成脱硫器损坏。

②为避免空气进入脱硫器，应在室外沼气导管和脱硫器之间加上一个三通和一个开关。沼气池出料时，打开三通上的开关，并关闭其他开关，以防空气进入脱硫器，避免脱硫器损坏。

③使用一段时间后，脱硫器内的脱硫剂会变黑，失去活性，脱硫效果降低，也可能板结，增加沼气输送阻力，严重时，沼气会被阻塞而不能通过。此时，必须将脱硫剂进行再生。

④脱硫剂再生方法。将失去活性的脱硫剂取出，均匀疏松地堆放在平整、干净、背阳、通风的场地上，经常翻动脱硫剂，使其与空气充分接触氧化再生。当脱硫剂中水分含量低时，可均匀喷施稀碱液，以加速再生速度，缩短再生时间，一般经过1～2天脱硫，可装入脱硫器内继续使用。脱硫剂可以

再生1～2次。

八、沼气凝水器的正确使用

(1)沼气凝水器的结构 凝水器主要由进口管、出口管、瓶体和保护盖等组成。它的工作过程是沼气池产生的沼气由凝水器进口管进入瓶体后，因瓶体截面积远远大于进口管截面积，致使沼气流速突然下降，由于水与气的密度不一样，造成水滴下降速度大于气流上升速度，因此，水下沉到瓶底，沼气则上升从出口管输出。

(2)使用注意事项

①凝水器应安装在输气管路的最低处。

②沼气灶的火焰出现忽高忽低，像喘气一样或沼气灯经常一闪一闪的情况，是沼气中的水气在输气管内凝集造成，应对凝水器进行检修，并对管子进行疏通。

③定期检查凝水器的进口管、出口管和保护盖。使用中，如发现进、出口管脱离瓶体、保护盖破损，应及时连接进、出口管和更换保护盖板。

九、沼气开关的正确使用

(1)沼气开关的结构 沼气开关的作用是开通或关闭沼气输送通道，同时可调节沼气流量的大小，是输气管路上的重要部件，必须坚固、严密、启闭迅速、灵活、检修方便。开关的材料分为塑料和金属两大类。金属开关用铜、铝制作。其结构主要由旋钮、进口管、出口管，旋塞阀或球阀组成。

(2)使用注意事项 目前，沼气输气管路上配置的大多是铜、铝材料制作的金属开关。它是利用带开孔的圆旋塞阀或球阀的转动来实现沼气的启闭。操作时，只要扭动旋钮，即可开启和关闭输气管路的沼气，动作迅速、简单。选用金属开关时，应选旋塞阀或球阀的转芯内径大于6毫米，开关开启时，手感应灵活自如。每个灯具、灶具前安装一个开关比较安全、合理。若开关因锈蚀而拧不动时，应滴润滑油润滑；若破裂应更换新品。

为方便沼气用户选购沼气配套设备，现介绍河南省绿科新能源开发有限公司沼气配套设备部分产品参考价格见表4-4，供用户选购参考。

表4-4 沼气配套设备部分产品参考价格

产品名称	规格	单位	单价/元	备注
沼气灶	单眼	台	45	不锈钢
沼气灶	双眼	台	75	电子点火
热水器	7升	台	320	

续表 4-4

产品名称	规格	单位	单价/元	备注
饭煲	3升	台	110	
取暖炉		台	50	
压力表	U形	个	5	
脱硫器		台	35	
消毒枪		个	45	

注:统计时间:2011 年 6 月

十、沼气-柴油发电机组的使用与维修

近年来,我国农机科研部门设计了一种由柴油发电机改装组成的沼气-柴油混合燃料的发电机组。该机组的使用特点是有沼气时用沼气发电,没有沼气时,能自动转换成柴油发电。机组改装方法简单,成本较低,利用沼气发电节油率达 80% 左右。

(1)沼气-柴油发电机组的结构　如图 4-9 所示,沼气-柴油发电机组主要由柴油发电机组和沼气混合器两部分组成。

(2)沼气混合器的设计与安装

①设计。沼气混合器如图 4-10 所示。首先测出柴油机进气管的外径 D(也是空气滤清器插管的内径 d)。选用一根长 200 毫米长的钢管,加工成下端内径为 $D+0.5$ 毫米、上端外径为 d 的尺寸。在钢管的中间位置,将装有沼气阀(旋塞阀或球阀)的 DN15 钢管插入并焊接牢固。DN15 钢管的顶部预先用铁堵住焊死,并在钢管两则钻有孔径为 3~4 毫米的扩散孔 3~4 个。

②安装。将沼气混合器安装在柴油发电机组的空气滤清器与进气管之间的位置,其上端与空气滤清器的插管相连,用管箍锁紧,下端套入柴油机进气管,用螺钉固紧,一台沼气-柴油发电机组就安装完成了。

(3)使用注意事项

①发电机组对沼气和设备的要求是沼气的温度为 10℃~60℃,压力为 0~5 千帕,气质要求为脱水、除尘。如污水处理所产生的沼气需要脱硫处理,垃圾填埋所产沼气需要脱水处理,一般畜禽类厌氧处理所产的沼气无需进行脱硫处理,水压式沼气池所产沼气要加用调压阀,浮罩式沼气池所产沼气可不用调压阀。沼气阀与调压阀之间的输气管应使用软管,可以吸收柴油机运行中的振动,其他部位的管路最好采用直径 15 毫米的塑料(UPVC)硬管,阀门采用旋塞阀或球阀,不要用闸阀,以防漏气。猪、牛类发酵所产沼气需要进行脱水和除尘处理。

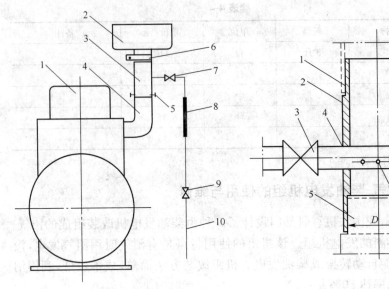

图 4-9　沼气-柴油发电机组

1. 柴油发电机组　2. 空气滤清器　3. 沼气混合器
4. 进气管　5. 螺钉　6. 管箍　7. 沼气阀
8. 输气软管　9. 调压阀　10. 输气硬管

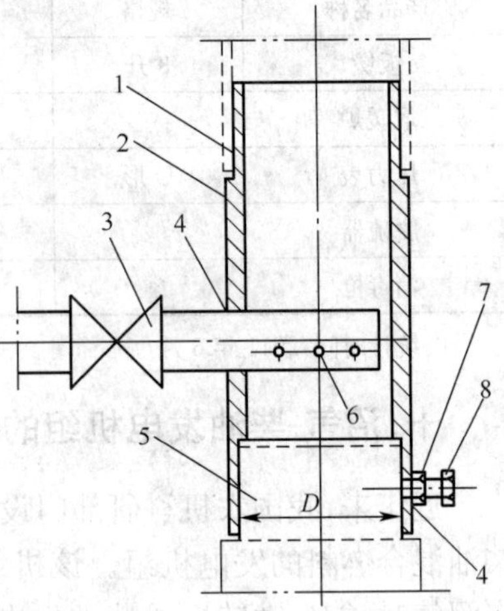

图 4-10　沼气混合器

1. 空气滤清器进气管　2. 沼气混合器直管
3. 水嘴　4. 焊缝　5. 柴油机进气管
6. 均布孔　7. 螺母　8. 螺钉

②起动。关闭沼气阀,用柴油并按柴油机的起动方法起动。

③起动后,将沼气-柴油发动机组油门放在中间偏低一点的位置,待发动机中速运转一段时间后,当冷却水温上升到70℃左右,再加大油门使发动机达到额定转速(发电机组的电压表值达到380～390伏)时,检查发电机组和沼气系统工作正常后,逐渐增加用电设备的负荷,并慢慢打开沼气阀输入沼气,适当调节手油门位置,使发电机组的电压继续在380伏或220伏处,直至所需工作负荷为止。随着发电机组用电负荷的改变,操作手也要相应地调节沼气阀和手油门的位置,以达到沼气-柴油发电机组有较好的节油效果。在运转过程中,调整电压(即转速)的方法与改装前用柴油机工作时一样,通过改变手油门位置进行。沼气进入后,在调速器的作用下,供油量会自动减少。若输入沼气量过多,发动机会出现瞬时供油中断而产生断续的工作声。应随即将沼气阀略微关小,直到发动机正常运转为止。当发电机组冷却水温较低、小负荷或空负荷运行时,其节油效果差,此现象应尽量避免。

④停机。应先缓慢关闭沼气阀,待发动机空转半分钟后,再关闭手油门停机。

⑤操作沼气阀要平稳,不要忽大忽小,以避免进入的沼气量忽多忽少,

造成发动机工作不稳定。

　　⑥发电机组运转中,要经常注意用电负荷与沼气压力的变化。在未装有自动调速的发动机上,要全靠操作手的感觉与实际经验来掌握手油门(即转速)与沼气阀合适的开度,这是提高节油率的关键所在。实践证明,有经验的机手,掌握发动机在稳定负荷下工作,节油率可高达85%;一般的机手,节油率只有60%左右。

　　⑦经常检查沼气阀、输气管路、接头处是否漏气,发现问题及时排除,以免引发火灾。

　　⑧沼气供气不足时,发动机不必停机,只需关闭沼气阀,即可按一般柴油机操作方法使用。

　　⑨注意沼气净化处理。据四川省农机研究所做过的大量调查和试验表明,户用沼气中的硫化氢含量一般较低,对柴油机气缸和气门的腐蚀很小,可以忽略不计。另外,不同的发酵原料产生的沼气中硫化氢的含量也不一样。在畜禽类粪便中,鸡粪的硫化氢含量最高,猪粪次之,牛粪最低。所以,以猪、牛粪为主要发酵原料产生的沼气用于发电时,没有必要进行脱硫处理。但一定要进行脱水和除尘处理。简易除尘器如图4-11所示,用大口瓶改装而成的。在密封的瓶盖上焊上两个管接头,伸入瓶底的一根管作进气管。瓶内装入直径3~4毫米、比较干净的河砂,其高度 H 为100毫米左右时,当瓶中砂截留泥沫高度达到40毫米

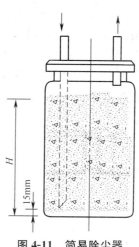

图4-11　简易除尘器

左右时,应及时更换砂石,以防沼气流通不畅,影响沼气发电。

(4)沼气-柴油发电机组常见故障及排除方法

　　①气温低时,发动机起动,加负荷后,工作转速不够,排气管冒白烟或黑烟,有时甚至熄火。

　　原因分析:发动机预热不足,润滑不良,气缸内有空气,燃烧不完全。

　　排除方法:柴油机起动运转正常,机温上升后,适量控制手油门,逐渐开启沼气阀通入沼气,待发电机组正常运行后,再逐渐增加负荷。

　　②柴油机起动后,转速不够,达不到额定功率,带不起负荷。

　　原因分析:调速把手(手油门)放在供油低的位置,柴油机转速上不去。

　　排除方法:发电机组用柴油起动后,将手油门预先固定在工作电压(额定转速)位置上,再逐渐通入沼气。

③发电机组工作中产生放炮声

原因分析：工作负荷急剧减少所致。

排除方法：如负荷急剧减少，过多的沼气、柴油混合气在气缸内燃烧不完全，而排入排气管内进行第二次燃烧、膨胀，就会产"噼啦"放炮声。遇到上述情况，应及时调节沼气阀和手油门，直至放炮声消除为止。

沼气-柴油发电机组生产厂家有山东绿环动力设备有限公司、广东斯奥动力科技有限公司、上海布梯环保科技发展有限公司等。

(5)典型实例　2008年1月18日，全球最大的畜禽类沼气发电厂在内蒙古和林格尔县蒙牛基地正式投入运行。联合国开发计划署项目官员向蒙牛授予了"加速中国可再生能源商业化能力建设项目大型沼气发电技术推广示范工程"奖牌后评价："蒙牛沼气发电项目是中国乳品行业首个畜禽类粪便处理综合项目，具有很强的示范价值与经济利用价值，该项目不仅为中国乳品行业的可持续发展做出了卓越贡献，也是世界养殖产业可再生能源利用的标志性项目。"该项目总投资4500万元，日处理牛粪280吨、牛尿54吨，年产有机肥20万吨，年发电量可达1000万度，为全球最大畜禽类沼气发电厂。

第五章　沼气生态农业模式的建设

第一节　概　述

一、"猪-沼-农"综合利用模式

近年来,我国农村在沼气综合利用方面,开辟了"猪-沼-菜"、"猪-沼-果"、"猪-沼-鱼"和"种、养、加"相结合的发展农村经济的路子,取得了明显的经济、生态和社会效益。

目前,我国农村沼气综合开发利用已突破了"猪粪入池、沼肥下田"的简单利用模式,而与生态农业相结合,初步形成了"猪-沼-农"综合开发利用的生态循环新模式。如 2004 年被评为全国农村改革新闻人物、中国沼气学会会员、山东省平原县沼气工程师李国,研究开发的复合型高效庭院生态养殖技术,农民当年投入当年可获利上万元。采用过该模式的农民称赞道:"照明不用电,做饭拧开关,生活无污染,养殖无风险,足不出庭院,小康在眼前。"实践证明,沼气池所产生的沼气、沼液和沼渣,被广泛综合利用在农业生产和农民生活之中。在农村,发展以家庭或村落为主的生态循环农业已成为趋势。复合型高效庭院生态养殖技术工艺流程如图 5-1 所示。

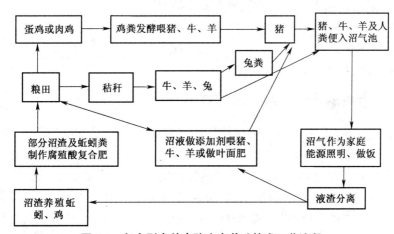

图 5-1　复合型高效庭院生态养殖技术工艺流程

二、沼肥综合利用的特性

沼肥是沼液和沼渣的统称,亦称为沼气发酵残余物,是一种优质有机肥,不仅营养成分全面、肥效高,而且有防治植物病虫害的作用。沼气池内有机物质在厌氧发酵过程中,除碳、氢、氧等元素逐步分解转化成甲烷、二氧化碳等气体外,其余各种养分基本保留在发酵后的残余物,即沼渣、沼液之中。

(1)沼渣   沼渣是人畜粪便、作物秸秆等各种有机物经沼气池厌氧发酵产生的底层渣质,吸附了大量的可溶性有效养分。沼渣中有机质的含量达 $30\%\sim50\%$,腐殖酸的含量达 $10\%\sim20\%$,氮的含量达 $0.8\%\sim2\%$,磷的含量达 $0.4\%\sim1.2\%$,钾的含量达 $0.6\%\sim2\%$。每亩地施用 1000 千克(湿重)沼渣,相当于给土壤补充了氮素 $3\sim4$ 千克,磷 $1.25\sim2.5$ 千克、钾 $2\sim4$ 千克。

(2)沼液   沼液含有多种水溶性养分,是一种速效性的优质肥料,除含有丰富的氮、磷、钾等植物生长元素外,还含有钙、铁、铜、锌等微量元素和对动、植生长有调控作用及对某些病虫害有杀灭作用的生物活性物质,如氨基酸、生长素、赤霉素、纤维素酸、单糖、腐殖酸和某些抗菌素等。它们对农作物的生长发育具有重要的调控作用,参与了农作物从种子发芽、植株长大、开花到结果的整个过程。如赤霉素可以刺激种子提早发芽和农作物茎、叶快速生长;生长素能促进种子发芽,提高发芽率,可使果树有效防止落花、落果,提高坐果率;单糖可提高农作物的抗旱能力;游离氨基酸可使农作物在低温时免受冻害;某些维生素能增强农作物的抗病力能力。

科学施用沼肥,不仅能改良土壤,确保农作物生长所需养分,还有利于增强农作物抗冻、抗旱能力,减少病虫害,能促进农业增产、粮食增收和农村生态环境条件的改善。

三、农田施用沼肥增产的原因

试验证明,农田施用沼肥比使用一般农家有机肥料可增产 10% 左右。增产原因有以下几点:

①沼肥含有植物生长发育需要的氮、磷、钾,以及氧、氢、钙、镁、锌、铜、铁等多种元素。土壤所需碳、氢、氧可以从空气和水中获得;钙、镁等可以从土壤本身中获得。唯有氮、磷、钾这三种元素,对作物生长、发育及其产量有着特别重要的作用,而土壤中这三种元素含量较少,不能满足农作物生长、发育的需求。因此,需要人为施肥来补充。沼气池中的发酵原料经过厌氧

发酵处理后,产生极易被农作物吸收的氨态氮(即速效性氮)的数量增加1倍以上,而一般农家有机肥料都是露天堆沤,全氮损失为39.8%,氨态氮损失为82.1%。所以,施沼肥比一般农家肥肥效高,增产效果显著。

②沼肥所含有机质和氮、磷、钾的数量都优于其他有机肥料。据有关试验资料表明,沼肥的有机质含量比人粪尿高5～6倍,比猪粪高2～3倍。氮、磷、钾的含量也高出人粪尿和猪粪。

③沼肥有防治农作物病虫害的作用。经过厌氧发酵的沼液,不但本身有害病菌已被杀灭,而且还有抑制病菌的作用。据测试,沼液中含有赤霉素、吲哚乙酸和较高容量的铵盐,通常含量可达0.2%～0.3%,这些物质均可抑制大多数病菌的繁殖。所以,沼液对小麦根腐病菌、水稻小球菌、核病菌、纹枯病菌及玉米大斑病菌、小斑病菌等都有较强的抑制作用。

④沼肥是速效性和迟效性兼备的有机肥料。沼渣一般作为底肥,沼液则作为追肥使用。由于沼液中有充足的水分,还利于作物抗旱。

四、沼肥增产和改良土壤的作用

农村户用沼气池的发展,不仅开辟了有机肥源的新途径,提高了肥效质量,而且对改良土壤和提高农作物的产量品质,都有明显效果。

(1)沼肥的增产作用　沼肥和一般农家肥、田间肥效力对比试验结果如下:

①施沼液与施粪水的对比。沼液施在不同的作物上,比施粪水有明显的增产效果,一般增产10%左右,最高可达15%。

②施用沼渣与一般农家肥料比较。直接施用沼渣,不但对当季农作物有良好的增产效果,若连续使用还有改良土壤、培肥地力的作用。实践证明,其增产幅度为8%～10%。

③沼肥和化肥配合使用,增产效果更明显。沼肥是一种优质有机肥,与化肥配合使用能互相取长补短,提高肥效,起到增产效果,并能避免大量施用化肥对土壤结构的破坏和土壤肥力的降低。实践证明,沼肥和化肥配合使用,比单独使用沼肥增产5%～10%。

(2)沼肥对改良土壤的作用　土壤是农业的基础,土壤肥力的高低直接影响着农作物的产量。提高土壤的肥力主要有两种途径,一是采取轮作环差种植绿肥,如南方冬种红花草肥田;二是大力施用有机质肥料和秸秆还田。沼肥是优质的有机肥料,又是土壤的改良剂。大量试验数据证明,施用沼肥后,土壤自然团粒总数增加1.5～3倍,其中,水稳性团粒增加8.5%～20.5%,解决了土壤的通透性,使土质疏松,连续两年施用沼渣后,土壤中有机质及氮、磷、钾营养元素含量分别增加 16％、6％、9％,土壤容重下降 2％,孔隙度增加 2％。许多农户反映,由于大量施用沼肥,土壤疏松,色泽加深,板结减轻,保水保肥能力增强,肥力逐步上升。

五、农田施用沼肥的方式

(1)施用沼液的方法　常采用的方法有喷施、洒施和冲施等。

①喷施。将沼液澄清后,装入喷灌器中用于喷施,一般用于作物追肥,每 667 米^2(亩)施肥量为 1500～2500 千克。

②洒施。将沼液装入沼液出料罐车中,向农田土壤中喷洒,并立即翻耕,以利于沼液水与土壤结合,使养分吸附在土壤上,防止肥效损失。洒施一般用于底肥,每 667 米^2 施肥量 2500 千克左右。

③冲施。有灌溉条件的农田,可结合农田灌溉,冲施沼肥。这种方法的特点是能使肥料中的养分和水结合在一起,均匀施在土壤中,有利于作物吸收,也可节约施肥用工。冲施的农田要求平整。施肥时,在水渠口将沼液均匀地冲施到灌溉水中,冲施的数量与流水的速度要配合好,以达到所要求的施用量。冲施一般做追肥,每 667 米^2 施肥量为 1500 千克左右。

(2)施用沼渣的方法

①沼渣一般直接施入土壤,做底肥用,每 667 米^2 施肥量为 2500 千克左右。也可以做追肥用,每 667 米^2 施肥量为 1500 千克左右。

②有的将沼渣与作物秸秆等混合后进行堆肥或沤肥。堆沤时,沼渣与秸秆的比例为 1∶(1～2),一般做底肥用,每 667 米^2 施肥量为 3000 千克左右。

(3)沼液、沼渣混合施用的方法　要求将沼液、沼渣混合搅拌后,与作物秸秆、树叶、杂草等混合在一起,进行堆肥和沤肥。堆、沤肥之前,要将作物秸秆铡成 6～10 厘米长与沼肥混合,堆沤肥比例是沼肥与秸秆为 1∶(2～3),堆沤后一般做底肥用,每 667 米^2 施用量为 2500 千克左右。

六、农田施用沼肥的注意事项

施用沼肥有以下"十忌":

①忌出池后立即施用。沼肥还原性强,若出池后立即施用,会与作物争夺土壤中的氧气,影响种子发芽和根系发育,导致作物叶片发黄、凋萎。因此,沼肥出池后,一般先在贮粪池中存放 5～7 天,搅动料液,挥发毒气,氧化还原后才可以使用。沼渣与磷肥按 10∶1 的比例混合堆沤 5～7 天后施用,效果更佳。

②忌沼液直接追施。沼液不和水混合直接施在作物上,尤其是追施在幼苗上,会使作物出现灼伤现象。因此,沼液做追肥时,要用水稀释,一般用水量为沼液用量的 50%。

③忌沼肥施于土表。沼肥在旱地作物上施用宜采用穴肥、沟肥,然后盖土。在水田作物上施用时,应在耕整前均匀撒施,然后用犁翻入底层。

④忌过量施用沼肥。施用沼肥的量不能太大,一般比施用普通猪粪肥少。若盲目大量施用,会导致作物猛长,行间荫蔽,造成减产。

⑤忌沼肥与草木灰、石灰等碱性肥料混施。草木灰、石灰等碱性较强,与沼肥混施会造成氮素损失,从而降低肥效。

⑥忌用酸化池、不产气池的沼液施肥浸种。

⑦忌用沼液浸种后,不用清水洗净种子就播种。

⑧忌在炎热天中午或下雨前,进行沼液叶面施肥。

⑨忌用初产气 3 个月内的沼气池或酸化池、不产气池的沼液喂猪、牛、羊等牲畜。

⑩忌在大棚温室内用点燃的沼气灯连续施放二氧化碳气肥。一般放 15 分钟停 20 分钟,施放量随作物光合作用的强度而变化。

第二节　沼液的综合利用

一、沼液在种植业中的应用

沼液的作用主要表现在调节动、植物生长、提供养分和抗病虫害三个方面。

1. 沼液浸种

沼液浸种是将农作物种子放在沼液中浸泡后再播种的一项种子处理方法。该技术简便、安全、效果好、不需投资、效益高。用沼液浸种比清水浸种发芽率提高 5%～10%,成秧率提高 10%～15%,可使水稻、小麦、玉米等多种农作物增产 5%～10%。

(1)操作要点

①晒种。为提高种子的吸水性,浸种前,将种子晒 1～2 天,清除杂质,以保证种子的纯度和质量。

②装袋。将种子装入透水性好的编织袋或布袋,每袋 10～15 千克,并留出 1/4 空间,以防种子吸水后胀破袋子。

③清理沼池出料间。将出料间浮渣和杂物尽量清除干净,以便于浸泡

种子。

④浸种。准备好一根木杠和绳子,将木杠横放在水压间上,再将绳子一端系住装有种子的袋子口,另一端固定在木杠上,浸种深度以使种袋处于沼池中部、沼液淹没袋子口为宜。对需浸泡时间较短(12小时以内)的种子,可以在盛有沼液的容器中进行。

⑤清洗。沼液浸种结束后,应将种子放在清水中冲洗、晾干,然后催芽或播种。

(2)浸种时间

①常规水稻。可以采用一次性浸种,也可以采用间歇性浸种,在沼液中袋装浸泡时间早稻为48小时,中稻为36小时,晚稻为36小时。粳稻还应适当延长一些时间。

②杂交水稻。由于其呼吸强度大,一定要采用间歇浸种法,即种子袋装在沼液中浸泡一段时间后,再取出来晾一段时间。

杂交早稻浸14小时,晾6小时,需要采用"三浸三晾"间歇浸种,总的沼液浸种时间不少于42小时,用清水洗净,然后催芽。

杂交中稻浸12小时,晾6小时,需要采取"三浸三晾"间歇浸种,总的沼液浸种时间不少于36小时,用清水洗净,然后催芽。

杂交晚稻浸8小时,晾6小时,需要采取"三浸三凉"间歇浸种,总的沼液种时间不少于24小时,用清水洗净,然后催芽。

水稻采用沼液浸种,发芽率比清水浸种高5%～10%,成苗率提高20%左右。秧苗白根多、粗壮、叶色深绿,移栽后返青快、分蘖早、生长旺盛,水稻产量可以提高5%～10%。

③小麦。土壤墒情较好时应用,天旱时播种不要采用此方法。沼液浸种在播种前一天进行。将晒过的麦种用袋装在沼液中浸12小时左右,用清水冲洗净、晾干,即可播种。

小麦采用沼液浸种,与清水浸种相比,发芽率提高3%左右,具有出苗率早、生长快的特点,小麦产量可提高5%～7%。

④玉米。一次浸种时间为12～16小时,浸后种子用清水洗净、晾干即可播种。

玉米采用沼液浸种,与干播相比,发芽齐、出苗早、苗壮,可提高玉米产量5%～10%。

⑤棉花。包衣棉种不必采用沼液浸种,非包衣棉种先晒1～2天后装袋,一次浸泡24～36小时。浸种时,在种子袋内放块石头,以防种子浮起。取袋滤水后,用草木灰拌和并反复轻搓成黄豆粒状,即可用于播种。

⑥油菜。一次浸种 8～12 小时,用清水洗净晾干即可播种。

⑦甘薯。将甘薯块放入水泥池或大缸中,沼液面超出甘薯块 6～10 厘米,浸泡时间为 2～4 小时,用清水洗净晾干后即可上床育苗。

采用浸种可提高产芽量 30% 左右,黑斑病发病率明显下降,壮苗率可达 99%。

⑧花生。沼液浸种时间为 4～6 小时,取袋用清水洗净、晾干后即可播种。

⑨烟草。将烟草籽装入布袋中,每袋 0.5 千克,放入沼池浸泡 3 小时,用清水洗净并轻搓几分钟,晾干后播种。

采用浸种,种子发芽早、出芽齐、抗病力强,幼苗生长旺盛。

⑩大蒜。用种子袋装好,每袋 10～15 千克,在沼液中浸 24 小时,取出后用清水洗净,然后栽植。

采用浸种,出苗早、苗壮呈黑绿色、抗病性强,每亩增产15%～20%。

⑪瓜、豆。种子用编织袋装好,沼液浸种 2～4 小时,用清水洗净后催芽或播种。

(3)沼液浸种注意事项

①作为沼液浸种的沼气池,一定要正常产气且使用两个月以上,其 pH 值应在 6.8～7.6。废池、死池的沼液不能作浸种用。

②为提高种子的吸水性,浸种前最好选择晴好天气,将种子晒 1～2 天,以打破其休眠。

③浸种时间随地区、品种、温度的差别灵活掌握。浸种时间不可过长,以种子吸足水分为度。

④沼液浸过的种子必须用清水洗净,然后播种、催芽或育苗。

⑤浸种前搅动几次出料间料液,让硫化氢等有害气体逸出,以便浸种。种子取出后,做到池盖还原,以防人、畜坠入池内。

2. **沼液叶面施肥**

沼液具有改良土壤、提高肥效、调节和促进农作物和果树生长代谢、抑制和减少某些病虫害发生的作用。一般采用喷施和浇施两种方法。叶面喷施或浇施可使作物增加分蘖、枝叶茂盛、茎秆粗壮、穗大粒多、提前成熟和增加产量。具体使用方法如下:

(1)喷施 从正常产气使用两个月以上沼气池中取出沼液后,澄清过滤。在作物幼苗、嫩叶期,用一份沼液加两份清水;在夏季高温期使用时,用一份沼液加一份清水;当气温较低、在作物老叶、老苗上可不加清水进行喷施。每 667 米² (亩)用沼液量为 40 千克。

(2)浇施　可不过滤,使用沼液一份加 1～2 份清水,即可用粪勺在农作物行间进行浇施,可结合作物灌水施肥同步进行。

(3)配合农药、化肥喷施　当作物和果树虫害猖獗时,宜在沼液中加入微量农药,其杀虫效果显著。根据作物和果树的营养需要,可加入 0.05％～0.1％尿素喷施,也可加入 0.2％～0.5％磷、钾肥喷施,以促进发育和结实。

(4)喷施注意事项

①必须使用正常产气两个月以上沼气池中的沼液,pH 值在 6.8～7.6。喷施农作物和果树时,不可现取现用,沼液要放置一段时间再用。当用于杀灭病虫害时,可现取现用。

②尽可能将沼液喷施于叶子背面,有利用于作物和果树的快速吸收。

③喷施的沼液需用纱布过滤,除去其中的杂质。喷施工具为手动或机动喷雾器。

④喷施时间应在早上 8～10 时进行,中午高温时会灼伤作物叶片,下雨前不宜喷施,雨天会冲走沼液。

(5)作物叶面沼液喷施方法及实例

[例 5-1]　江西省于都县农业局能源办在县贡江镇东溪村蔬菜生产基地,选 A、B 两块 667 米^2 同面积土地种甘蓝(本地称包菜),并进行育苗移栽试验。A 块地苗期生长管理时用沼液一份加清水两份,在苗初、中、后期分别喷施三次;B 块地施用农家肥一份加水两份,在苗初、中、后期分别施洒三次。甘蓝生长 50 天收获时,试验结果表明:施用沼液的 A 块地甘蓝比施农家肥的 B 块地甘蓝,结球个大、饱满,每亩增产 989 千克,按当地 1.8 元/千克售价计算,每亩增收 1780 元。

[例 5-2]　河南省新郑市农业局中心试验站在效区蔬菜基地,选 A、B 两块 20 米^2 同面积土地种上海青小白菜,并进行小苗移栽试验。先在两块地按每亩施腐熟有机肥 1000 千克作为基肥,其中在 A 块地增施 30 升沼液作基肥。苗期生长管理时,A 块地按每亩每次 10 升沼液加水 30 千克,分别进行苗初、中期喷施两次;B 块地喷洒等量清水,小白菜生长 45 天收获时,试验结果表明:施用沼液的 A 块地小白菜比施清水的 B 块地小白菜单株高、叶大,每亩增产 480 千克,增产率 23％。

[例 5-3]　山西省晋中市农业部门,在祁县的晓义村进行西瓜施用沼肥试验。结果表明:西瓜表皮光滑、皮薄肉红、甜度高、口感好,西瓜每亩地增产 17％左右。施沼肥具体方法如下:

①苗床准备。选避风向阳、平坦不积水的地块,按畦宽 2.5～3 米做好畦面,在畦两侧做好施肥沟,使苗床高达 4.5 厘米。早春用垃圾泥拌入新鲜畜

禽粪,再加入沼液,整地成苗床。

②肥水管理。生长阶段,幼苗期按4%～5%的沼液加0.5%尿素或三元复合肥浇施,促使瓜苗早生快发;伸蔓期,用沼液一份加水一份,进行1～2次叶面喷施,促使瓜苗粗壮,为西瓜坐果期积累充分的养分;坐果初期至膨大期是夺取高产的关键,施肥量为每亩西瓜地根施尿素10千克,同时加施沼渣1300千克,一周后再施第二次,用量可减少。同时配合用沼液做叶面喷施3～4次,每亩施沼液750千克。

应注意苗期追施沼液切忌过量,以防瓜苗旺长,造成荫蔽坐果不良。防治西瓜炭疽病,应选用50%多菌灵可湿性粉剂,稀释500～800倍进行喷雾。

[例5-4]　根据柑橘生长过程可喷施沼液和清水比为1∶1的混合液4～5次。第一次在柑橘有明显的绿色花蕾时进行;第二次在谢花后进行;第三次在生理落果基本停止时进行(一般在谢花后20天左右);第四次在果体膨大的壮果期进行。江西、湖南等柑橘产地在采果之后每隔5～6天喷施一次沼液,共喷3～4次,主要目的是增强柑橘的抗冻害能力和促进花芽的分化。

二、沼液在养殖业中的应用

1. 沼液喂猪

(1)沼液喂猪的效益　据农业部环保科研试验,当用消化能2.9兆卡/公斤、粗蛋白为10%、粗纤维为8.5%,以及主要由玉米和糠麸组成的饲料,添加1.5倍的沼液,喂养二月龄断奶仔猪5个月,平均日增重达437克,扣除饲料因素,同比对照净增重提高20.6%,饲料转化率提高17%,使育肥期缩短1/4。其肉质经检测,肌肉鲜红、黏度、气味、弹性及吸水时间、水分含量同比对照相同。口感正常,可以说沼液喂猪增重效果显著,猪体健壮、肉质好,是一项先进实用、经济效果明显的饲养方法。

(2)操作要求　现以江西南昌市农村利用沼液喂猪的方法为例介绍如下:

①沼液采自正常使用、产气两个月以上的沼气池。取沼液前,应清除出料间的浮渣和杂质,并从出料间取出中层沼液,经过滤后加入饲料中。

②猪进舍后,不宜立即在饲料中添加沼液,要有一个预试期,即在舍中用容器盛一些沼液让猪先嗅闻沼液的气味,或让猪饿1～2顿再吃少量沼液拌和好的饲料。习惯后,加沼液由少到多,直至猪乐于食用。

③育肥猪体重从20千克开始饲喂,按饲料、沼液比为10∶(0.5～1.0)添加沼液;一个月后按5∶1添加沼液;50千克以上的猪按(3～4)∶1添加沼

液。总之,掌握用量由少到多,随猪的体重增加而增加,达到最高添加量时应稳定下来。

④先用少量清水拌和猪饲料,再加入沼液拌匀饲喂;也可直接用沼液拌和饲料喂;还可在猪进食前后单独喂沼液。沼液不能替代饲料,不要减少每日饲料喂量。

⑤沼液的酸碱度为中性,pH 值 6.8～7.5 为宜,过酸、过碱不宜使用。喂食前取出适量的沼液,澄清或过滤后拌入饲料中,夏季静置 5～10 分钟即可喂食,取出沼液不宜超过 30 分钟。

(3)注意事项

①不正常产气和不产气,或投过有毒物质的沼气池中的沼液禁止用于喂猪。

②从二月龄到出栏为止,要连续喂,不能喂喂停停。使用沼液的量一定要稳定,不能猪很爱吃就多加,不爱吃就少加,甚至不加,这样会打乱猪的口味,对猪的生长不利。

③在兽医指导下按常规进行猪的防疫、驱虫、健胃之后,开始在饲料中加少量沼液,进行适口训练 3～5 天,逐渐增加,每次喂 0.3～0.5 千克。当猪体重达 50～100 千克,可增喂到 1.5 千克。

④不满二月龄仔猪不能喂,哺乳母猪和产前母猪不能饲喂沼液。

⑤沼液必须取一次喂一次,不可取一次喂几天。

⑥沼液喂猪要注意观察猪的采食和粪便状况。如果适口性差,猪吃有剩余或发现猪粪较稀,要适量减少沼液饲喂量。一般每次减少 0.1 千克,或停 1～2 天后再喂。如果仍不见好转,应请兽医检查治疗,待猪身体恢复正常后,再逐步添加沼液饲喂。

⑦市场购买的添加了抗生素的饲料,不能与沼液混合喂猪,这样会破坏沼液中有益的微生物。

2. 沼液喂鸡

(1)沼液喂产蛋鸡　用 3 份沼液与 7 份饲料拌和喂的鸡,产蛋大、皮厚,可提高产蛋率 7%～10%。

(2)沼液喂肉鸡　用 3 份沼液与 7 份饲料拌和喂的鸡饲喂 90 天后,可比不添加沼液的鸡重 34%左右。

(3)注意事项　用沼液与清水拌和比为 3∶7 最佳,用沼渣和饲料拌和比为 1∶4 最佳。要求必须正常使用、产气两个月以上的沼气池,并要求没有有毒物质的沼液和沼渣。

3. 沼液喂奶牛、羊、兔

(1)沼液喂奶牛　将洁净的沼液与饲料按 1∶2 的比例拌和,每天 1～2

次,注意不要添加太多,以防腹泻,喂后每头牛日产奶量可增加 2 千克左右。

(2)沼液喂羊 取洁净的沼液,早、晚各一次,让羊自由饮用,每只羊月增重 1.5～2 千克。

(3)沼液喂兔 取 4 份沼液配 5 份饲料拌和,每只兔每日中午喂配合料一次,早、晚两次均喂季节性草料,成年兔每只平均净增重 0.6 千克,增兔毛 27.9 克。

4. 沼液养鱼

用沼液养鱼必须选择正常产气两个月沼气池的沼液,放置 30 分钟再用。投放沼液的鱼塘和投放鲜猪粪的重塘相比,养白鲢每亩鲜鱼可增产 9.2 千克,养鲫鱼每亩鲜鱼可增产 6.4 千克,养青鱼每亩鲜鱼可增产 10 千克,养鳊鱼每亩鲜鱼可增产 15.6 千克。

鼓泽鲫具有生长快、产量高、抗病力强、营养价值高等优良特性,目前已成为江西、福建等省淡水养殖的重要鱼类品种之一。现将江西、福建等地沼液养殖鼓泽鲫的方法介绍如下:

(1)鱼塘条件 选择每亩平均水深 1～1.8 米、水源为溪流水,水质良好,无污染,有单独的进、排水系统、交通便利的鱼池。

(2)放养前准备 鱼种放养前,清除鱼塘底过多的淤泥和杂草,堵塞漏洞,每亩用 150 千克生石灰兑水全塘泼洒消毒,以改善土壤和调节酸碱度。鱼种下塘前 10 天,每亩用发酵好的猪粪、鸡粪、沼液各 100 千克做基肥,培肥水质,为鱼种提供丰富的浮游生物及有机物等适口饵料。

(3)鱼种放养 每亩投放规格为 10 厘米左右的彭泽鲫 2000 尾,搭配养 100 克/尾的白鲢 150 尾。投放的鱼种要求体质健壮、无伤无病、鳞片完整、溯水力强。鱼种下塘前用 3％～5％的食盐溶液浸洗 5～8 分钟,可防鱼白头、赤皮等病。

(4)饲料投放 要求春、秋季节鱼塘水色透明度不低于 25 厘米,夏季不低于 20 厘米为宜。为达到上述要求,沼液下塘投放量每次 200 千克/亩,每隔 3～4 天投一次。采取池塘全方位泼洒方式,以便鱼食用。夏季气温高,鱼类生长快,耗食量大,每周可增投含粗蛋白 30％的鱼颗粒饲料。每上午或下午投一次,日投饵率为 3％～5％,以鱼吃八分饱为度。投喂的饲料最好让鱼在 10～15 分钟吃完,以促鲫鱼增肥长大。

(5)日常管理

①坚持早、晚巡塘,注意观察鱼的活动和摄食情况,坚持记录投料量和次数、天气变化和水质情况,作为养殖资料。

②注意鱼塘的环境卫生,勤除池边杂草,及时捞出残饵和死鱼。

③适时加注新水,高温季节每10天左右需换一次新水或让池水形成微流水,以保持水质的清新和溶氧量。养殖期,水的透明度控制在25～30厘米,水色以黄绿色为好。

④做好鱼病防治,在养殖过程中,以预防为主,5～9月每月每亩用15千克生石灰兑水对全鱼池泼洒一次,既可预防鱼病发生,又可改善水质。

⑤当水色透明度低于10厘米时,应严格观察鱼塘内的鱼是否浮头。如鱼出现上浮后即沉入水底为正常现象,如迟迟不沉入水底,则需灌注新水或开增氧机增氧,防止泛塘。

⑥沼液宜在晴天上午施用,每隔3～5天按量泼洒一次。沼液营养丰富,可作为鱼的天然饵料。

⑦秋季或冬季捕捞鱼上市,应抓大放小。注意鱼病防治,做到科学用药。

第三节　沼渣的综合利用

一、沼渣在种植业中的应用

1. 沼渣种花

花卉种植分为花园、花圃、庭院露天栽培和盆栽。施用肥料的主要方式有基肥和追肥。现以江西省新建县望城花圃苗木基地沼渣种花方法为例介绍如下:

(1)露天栽培

①基肥。结合整地,每米^{2}施沼渣2千克。若为穴植,视花卉大小,每穴0.5～1千克,施肥深度为30～50厘米,用沼渣作为基肥培育花卉,养分丰富,肥效平稳持久,花期长。

②追肥。不同的花卉品种吸肥能力不完全相同,因此,施沼肥量应有不同。生长快的草木花卉、观叶性花卉,可用三份沼液、七份清水,每月施用一次;生长较慢的木本花卉,观花、果花卉,按其生育期要求,用一份沼液加三份清水,依花卉大小按0.5～5千克不等在根梢处穴施。

(2)盆栽

①配制培养土。沼渣与生土配制比例为鲜沼渣1千克、生土2千克或沼渣1千克、生土3千克拌匀后放入盆内。生土可用农田菜园土。

②换盆。常言说:"树多大,根多长"。盆花栽植2～3年需换土、扩钵。

一般品种可用上述方法配制的培养土填充;名贵花卉品种需另加少许生土降低沼肥含量。凡新植、换盆花卉,不见新叶不追肥。

③追肥。盆栽花卉一般土少根多、营养不足,需要人工补充。追肥的时机和数量的多少是养好阳台盆栽花卉的关键。山茶花类要求追肥次数少、浓度低,一份沼液加两份清水,3～5月追一次沼肥;月季花类每月追一次肥,浓度比为一份沼液加两份清水,至10月停止施肥。

(3)注意事项

①沼肥要充分腐熟,沼渣用桶存放20～30天后再用。

②沼液做追肥和叶面喷肥前,应敞晾2～3小时再用。

③沼肥种盆花,应计算用量,忌过量施用。如施肥后,老叶纷落,表明浓度偏高,应及时水洗或换土;若嫩叶边缘呈水渍状脱落,视为水肥中毒,应立即脱盆换土、剪枝、遮荫养护。

④盆栽花平时除应注重浇水、施肥外,夏天要降温防暑,秋天要修枝整形,冬天要防寒养护。

2. 沼渣育稻秧

水稻沼渣旱床育秧技术已在江西、广东、湖南等省推广。实践表明,该技术能提高秧苗素质,促进水稻生长发育,提高单位面积产量,减少鼠害和鸟害。以下介绍江西农村推广水稻工厂化旱床育秧的具体方法:

(1)床土配制　用三份田土加一份沼渣晒干、打碎、过筛、消毒、调酸处理。床土要求土质疏松无杂物,土粒过筛细碎直径为2～3毫米,pH值控制在4.5～5.5,含水量一般不超过10%。

(2)稻种准备　按农艺要求,对稻种进行精选、脱芒、消毒、沼液浸种及清洗,温控催芽露白处理8～10小时。

(3)秧盘准备　播种时使用的秧盘一般是无破损、不变形的硬盘,可使用三次。如秧盘为561穴,每亩火田需用45～50盘。

(4)机具准备　旱床播种机应放在平坦坚实的室内场地上,并通过机架底部的4个调整螺杆,将机架调节成水平。检查机器作业流水生产线安装是否正确:床上箱→刷土滚→喷水箱→播种箱→覆土箱→刮土器。要求机器试运转平稳正常,要求喷水箱贮水量充足。

(5)播种作用　机器起动后,秧盘在秧盘移动机构带动下,先通过床土箱铺床上,并在刷土滚作用下将土铺平,再通过喷水箱给床土喷水湿润,然后进入播种箱。待种子已均匀地播入秧盘床土后,再通过覆土箱和刮土器,将土均匀覆盖在稻种上,此时便完成了一个播种过程。

(6)温控催根立苗　已播种覆土的苗盘放在秧盘架上,在室温32℃的蒸汽恒温条件下,盘中种子经过 48 小时即长出 10~15 毫米白色嫩芽。

(7)小棚炼苗　农村简易工厂化育秧宜采用田间塑料膜小棚炼苗,成本较低,一般经过 6~8 天后即可揭膜露绿。在炼苗期必须加强田间管理,营造秧苗生长的良好环境。如果三叶期后的秧苗长势差,可用沼液兑水喷施,使培育的秧苗健壮、整齐。机插水稻秧苗标准:早稻秧龄为 25 天,晚稻为 20 天左右;叶龄为 3~4 叶,叶柄色绿,均匀整齐;秧苗高度为 15 厘米左右;秧苗基茎宽度为 15~25 毫米;秧苗根系为白根数 8 条以上,盘根良好,床土底部可见白根盘结。

3. 沼渣种葡萄

沼渣种葡萄结果早、口感好,果粒和果穗较大,平均穗重 500~700 克,利用沼渣种葡萄能降低生产成本,增加收入,值得推广。

(1)施肥要点

①基肥。选用地势较高、通风良好、光照充足,土层厚大于 80 厘米的壤土或夹砂土种植葡萄树。每亩按沼渣一份加畜粪一份拌匀,施肥量为 2000~3000 千克,用于穴施或沟施,施肥深度 40~50 厘米。

②追肥。萌芽前,树势中庸偏下者应以施氮肥为主、沼液为辅,旺树者不施。谢花后幼果第一次膨大期,立即追施速效氮肥或沼液;果实第二次膨大期,以施钾肥为主,配合施沼液和磷肥,严禁施用尿素,以免降低果实糖度。采果后,结合施基肥追施沼液、氮、磷肥,可增加根系的营养贮藏,提高植株越冬能力。

③叶面追施。落叶后,各喷施 3%~5% 的沼液和尿素一次,以提高树体氮素营养水平,满足春季展叶、开花、坐果的需要;生长期,以 0.3% 尿素、沼液一份加水两份进行喷施;后期,以 0.2% 磷酸二氢钾喷施,不仅能提高树体营养水平和果品质量,还能增强叶面抗病能力。

(2)注意事项

①沼渣深施基肥要根据植株大小不同,必须距离树根约 50 厘米左右。叶面喷施追肥一般选早上或傍晚进行,晴天中午或雨天不宜喷施。

②沼渣作为基肥施用量一般占总施肥量 60%,沼液作为追肥施用量占总施肥量 40%。如遇到夹砂土壤保肥能力差,要在 9 月中下旬增施基肥一次,施肥深度为 50 厘米左右。

③沼渣和化肥配合使用较好,沼渣养分较全面,肥效稳而长,有利于植株生长对养分的需要。化肥肥效快,单一养分含量高,可以满足植株旺盛生长期对大量单一营养肥料的需要。因而,沼肥和化肥配合施用,更能满足葡萄生长对肥料的需求,效果更好。

4. 沼渣种生姜

生姜是菜谱中的佐料,生姜还可做药用。用沼渣培植的生姜个大、产量高,产区主要分布在江西、福建、安徽、湖南、湖北等省。

(1)姜种处理　选择优质、丰产、抗逆性强、有机生产的姜种。4 月上旬将姜种晾晒 2～3 天,至姜皮白亮。播种前用等量式波尔多液浸种 20 分钟,再用清洁的草木灰封伤口,或用沼液浸种,冲洗后晾干。然后,将姜种平放在室内铺垫一层 10 厘米厚的谷糠上,一层姜种一层谷糠,一般放 2～3 层,并盖上草帘,使温度保持在 20℃～30℃。待芽长 0.5～1 厘米时,将姜种掰分成 40～60 克的姜块,每个姜块上留一个短壮芽,其余的芽全部除去。

(2)整地播种　11 月份作物收获后,将沼渣、腐熟有机肥、磷矿粉、饼肥按比例 4∶4∶1∶1,将 3000～5000 千克肥料均匀撒入姜田,翻耕施入土壤中做基肥。地面平整耙细后,按东西或南北方向做畦,畦面宽 120 厘米、沟宽 30 厘米、沟深 30 厘米左右。长江中下游一般在四月中下旬播种。播种株距 17 厘米、行距 40 厘米、种沟种 20～30 厘米。种芽一律向上,然后,覆盖 2～3 厘米细土。每亩栽 6000～7000 株,每块姜种为 40～60 克,每亩用种量为 300 千克左右。

(3)田间管理　播种后一周内,在畦面上盖一层 3～5 厘米厚的稻草或麦秸,以防杂草生长。当生姜出苗率达 50％时,及时给姜田搭建 2 米高的拱棚架,扣上遮光率为 30％的遮阳网(8 月下旬拆除)。植株进入旺盛生长期,结合人工除草和施肥进行培土。每隔 15～20 天培土一次共培土 3～4 次,逐渐将播种沟变成垄。6 月上中旬当姜苗高 30 厘米左右时,每亩施沼液 1500～2000 千克,或腐熟人畜粪尿 300～400 千克。7 月上旬至 8 月中旬,每亩施腐熟饼肥 75 千克、草木灰 150 千克、商品有机肥 150 千克。9 月上旬姜苗有 6～8 个分枝时,每亩施沼液 300～400 千克,人畜粪尿 150～200 千克,草木灰 100 千克。10 月下旬姜根茎已充分老熟时,选择晴天收获。

(4)虫害防治　6～8 月用 0.3％苦参碱 1000 倍液、1％印栋素 800 倍液喷施,防治蚜虫或姜瘟病。

5. 沼渣栽培平菇

沼渣中的有机质、腐殖酸、粗蛋白、氮、磷、钾,以及各种矿物质,能够满足平菇生长需要,是人工栽培食用菌菇的好栽培料。沼渣栽培平菇的方法如下:

(1)备料　取出充分腐熟、正常产气的沼渣,用薄膜覆盖,以防害虫在沼渣上产卵,滤水 24 小时后备用。选择新鲜无霉变的棉壳,翻晒 1～2 天。

(2)配料　按沼渣 60％、棉壳 40％或沼渣 70％、棉壳 30％的比例配足料。先将棉壳用水拌湿,然后与沼渣拌匀,含水量以手捏有水,但不滴下为宜,配制成培养料。

(3)**搭菇床**　菇房一般选用通风、透光、有对开门窗的房子。菇床可用竹、木搭成多层床架,第一层距地不低于 25 厘米,以上各层相距 60 厘米,床面宽 80~100 厘米,长度视场地而定,培养料平铺在床架上,厚度为 6~8 厘米。

(4)**播种**　按每 100 千克培养料用栽培菌种 4 千克,菌种要菌丝丰满,无杂菌,菌龄最好不超过一个月。按 66 厘米见方打穴,穴深 3 厘米,每穴点种蚕豆大小菌种一块,播后最好用塑料薄膜保温、保湿。

(5)**出菇前的管理**　出菇前,应将塑料薄膜盖好,一般 7 天揭膜换气一次。平菇在子实体形成阶段需水量、耗氧量增大,要注意通风和补充水分。子实体开始出现菌蕾,当菌床表面湿润、薄膜内有大量的水分蒸发时,应把薄膜支起,离菌 15 厘米通风,如通风后菌床表面干燥,可进行喷水。喷水时,喷头向上,落到菇体上的雾点要小,这样既调节了空气湿度,又满足了菇体需水的要求。

(6)**子实体采收**　当子实体长到八成熟即可采收。过早采收会影响产量,过迟采收会降低品质。第一批平菇收获后,经 15~20 天,又有一批长成,一般一批料床接种后可采收 3~4 批平菇。

(7)**追施营养液**　采菇后,追施营养液可促使下批平菇早发、高产。其方法是用木棒打 2 厘米深小孔,注入 0.1%尿素溶液的营养液。

据有关试验资料表明,用沼液加清水各占 50%的浓度拌棉壳生产平菇,比用清水拌料增产 52.9%,且出菇时间提前 14 天。还可用 50%浓度的沼液做采菇后的追肥试验,比用 50%豆腐水对照比较增产 37%。

6. **沼肥种苹果**

据山西省晋中市农业部门调查发现,山西介休市义安镇杨家庄村沼气示范户杨清郎家的苹果园里,连续两年施用沼肥的苹果,色艳、味甜、质优、售价高,2 亩苹果地平均每年增加纯收入 2000 余元。现将杨清郎家的苹果树施用沼肥方法介绍如下:

(1)**沼渣做苹果树基肥**　一般在每年 4 月初或 11 月底沼气池大换料期间进行两次施用。根据树的大小,每株树每次施沼渣 15~30 千克。在果树四周挖 4~6 个坑,深度为 30~40 厘米,施肥后灌水,待水干后覆土填平。

(2)**沼液做苹果树追肥**　施用时应在坐果后的 3~5 周,每年施 3~5 次,每次每株施 20~40 千克。在树冠外缘挖 4~6 个坑或挖成圆弧形沟,深 30 厘米、宽 20 厘米,沼液施后渗干即覆土。这时施肥有利枝条、叶片生长发育,促进花芽分化、提高坐果率。苹果树在萌芽、开花、幼果膨大期(形似鸡蛋大)用沼液进行叶面喷施,一般每株用量10~15千克,每隔10~20天喷施一次,以叶背湿透不流液为宜。这时叶面喷施可做树叶变厚、色变深、增强树体抗逆性,减少虫害发生。在果实生长期喷施,还可提高产量,改善品质。

(3)施肥注意事项　施沼渣、沼液做基肥时,应与果树根保持一定距离,以防烧伤树根。叶面喷施沼液时,应选用产气1个月以上的沼液澄清过滤,在早上或下午气温较低时进行,不宜中午高温时喷施。若将农药拌入沼液中喷施时,应先试验证明无副作用后再大面积施用。

二、沼渣在养殖业中的应用

1.沼渣养鳝鱼

沼渣养鳝鱼具有投资少、成本低、效益高、收效快的特点。以江西省南昌市蒋巷水产养殖场用沼渣养鳝鱼的方法为例介绍如下:

(1)筑建养鳝池　池基应选择向阳、靠近水源、不易渗漏、能防洪冲击、土质良好的地方。面积以4~5米^{2}为宜,池深1米左右,池底为平底,采用水泥或三合土池。池堤可用砖砌,用水泥或三合土护坡,池堤以上应略向内倾斜。进、出水口要安钢丝网,以防鳝鱼打洞逃逸。为适应鳝鱼穴居习惯,池筑好后,沿池墙四周从池底向上砌一道高30厘米、宽20厘米的巢穴埂,石缝用田里的稀泥和沼渣填,以便鳝鱼在巢穴埂的稀泥和沼渣中打洞做穴和产卵。再将稀泥和沼渣各一半混合后,平铺在池内,厚度为50厘米,作为鳝鱼的基本饲料和夜间活动场所。铺完后放水入池,池内水深20厘米左右,并在水中植浮莲、芋头等水生植物,可以遮阳、净化水质,有利于鳝鱼潜在下面,还可改善鳝鱼池环境。

(2)饲养管理　放养鳝鱼应选择体质健壮、无病无伤、规格整齐的苗种,体重以20~25克/尾为宜,一般密度为60尾/米^{2}左右,另可混养0.5~1千克/米^{2}的泥鳅。泥鳅可充当鳝鱼池剩食的"清道夫",有利改善池内水质。鳝鱼是肉食性鱼类,喜食鲜活饵料,如蚯蚓、蚌肉、螺肉、蝇蛆、鱼虾、蝼蛄、鲜蚕蛹、牲畜内脏以及麦麸、糠饼、菜叶等。现在也有喂混合配方颗粒饲料的。刚放鳝苗时,投饵宜在傍晚进行,以后逐渐提前到下午2时投饵。一般每天投一次,日投饵量为鳝鱼体重的5%~10%。鳝鱼既耐饥又贪食,投饵要注意适量和经常,不可过低或过高,过低影响生长,过高会胀死鳝鱼。投饵要全池遍撒,防止集中一处投饵,以免引起鳝鱼互相争食。5~9月为鳝鱼生长旺季,此时应保证质好量足的饵料,以促进鳝鱼生长。5月以后,每隔1个月左右可向池内投放新鲜沼渣50千克/米^2。投沼渣后7~10天进行换水,以后每隔2~3天更换一次新水。冬、春天放水深度为15厘米,夏天为60厘米,秋天为30厘米。鳝鱼消耗氧气较多,要求池水清澈,含氧丰富。换水后,应适当加入沼液,以利于微生物的生长。夏季气温高,可在池的四周种植丝瓜、冬瓜、豆类等,并搭架为鳝鱼遮阳、降温。为保障鳝鱼安全过冬,在入冬前增大饵料的投放量,以便鳝鱼贮藏营养满足半冬眠的需要。

(3)鱼病防治　经常注意观察鳝鱼的行动,及时发现疾病,一旦发现及时用药物防治。如腐皮病可用红霉素按25万单位/米^{2}水全池泼洒;同时按每100千克鳝鱼用磺胺噻唑5克拌饵料投喂,每天一次,连续3~6次。平时要注意经常洗池换新水。

2. 沼肥养泥鳅

泥鳅食用味道鲜美,具有营养丰富、高蛋白、低脂肪、营养滋补等特点,在我国日益受到广大城乡消费者的喜爱。在农村水资源充足的地方,可利用房前屋后水塘开发泥鳅养殖。

(1)泥鳅池的建造　泥鳅池应建在背风向阳、水源可靠、无农药和化工污染、管理方便、且能对应旱涝威胁的地方。鱼池的面积大小根据农家经济条件而定,一般为10~100米^2,鱼池形状以长方形、正方形和圆形皆可,池水深60~100厘米,有条件的养殖户应修建水泥池,池口一般要求高于地面20厘米,鱼池的进、排水口呈对角分布,进水口应高于水面20厘米,且进、排水口要设置钢丝网,以防泥鳅逃逸和野生杂鱼混入。池底需铺30厘米厚的沼渣和田里的腐殖稀泥各一半拌和的泥土,以供泥鳅钻潜栖息。养殖前每亩用生石灰100千克消毒,杀灭泥鳅的敌害生物及致病菌,待石灰药性消失,一周以后可注入新水。待池水变肥呈黄绿色,即可放苗养殖。

(2)泥鳅苗的选择　因我国南北气候差异,各地放养泥鳅苗的时间有所不同,但一般在3~6月份。农村养殖一般以农贸市场买进苗种或捕捞野生苗为主,苗种规格一般要求无病,无伤、健壮活泼、规格均匀体长3~5厘米积极觅食、顶水力强的鱼苗。鱼苗放养一般在中午进行,先用3%~5%食盐水浸泡5~10分钟再放入养殖池时。同一池中投放的苗种规格应整齐,且要一次投足,防止分次下池,以免互相撕咬,鱼苗放养密度一般为每100米^{2}15~20千克。

(3)成鳅养殖　按照"定时、定位、定质、定量"的投喂原则训练泥鳅集中进食,投喂动物内脏、蚯蚓、蝇蛆、豆饼、米饭、菜叶、沼渣、沼液等,每日投喂1~2次动、植物性饵料,每隔4~5天泼洒沼液或沼渣,以培养池中天然饵料。投饵料不可过多,以免污染水质。日投入量按泥鳅体重计算:3月投入为1%,4~6月为4%,7~8月为8%,9~10月为10%,11月至翌年2月,南方可少投,北方可以不投饵。泥鳅最适生长温度为 22℃～27℃,所以初秋泥鳅进食最活跃,生长速度最快,是催肥增膘的最好时期。在此时尽量投喂营养全面的新鲜饵料,并每天加餐一次。

(4)**日常管理**　坚持早、中、晚巡塘,观察记录水质变化以及泥鳅的摄食、活动状态。检查防逃设施,做到及时修补,做好防鼠、防蛇、防盗工作。定期向池中泼洒生石灰水调节水质,以有效抑制病菌生长。做到一周换水一次,夏季高温时,如条件允许可保持微流水环境。

(5)**病害防治**　疾病防治以防为主,放养前,一定要严格清塘消毒。按时检查水质,保证水质清爽。泥鳅常见病防治方法如下:

①水霉病。主要因鳅体受伤,霉菌在伤口繁殖,侵入组织内部所致。鱼体发病处簇生白色絮状物,病鳅食欲减退、行动迟缓,瘦弱致死。治疗方法:轻症鳅可用 3% 食盐水浸洗 5～10 分钟,重症鳅可用 0.5 毫克/千克水霉净浸洗 5～15 分钟。

②腐鳍病。患鳅背鳍附近肌肉腐烂,表皮脱落,呈灰白色。严重时鳍条脱落,肌鱼外露,鱼体两侧浮肿,不摄食。治疗方法:可用 10～15 毫克/千克四环素或氯霉素液浸洗 10～15 分钟。

③寄生虫病。一般流行 5～8 月,寄生于鱼体体表和鳃,病鳅停止摄食,离群独游,严重时虫体密布,轻则生长,重则引起死亡。治疗方法可用 1 毫克/千克晶体敌百虫泼洒全池。

(6)**捕捞上市**　泥鳅达到商品规格即可上市。常用以下方法捕捞:

①诱捕法。将煮熟的动物骨头放在网具中,利用香味诱捕泥鳅。

②冲水法。鱼类有逆水上游的习性,可以打开进水口放水入池,泥鳅受到流水刺激会聚集在进水口附近,此时,将预先放置好的网具收起即可。

③干塘法。年终将塘水放干,用网具捕捞。

(7)**安全越冬**　由于泥鳅规格大小不一,有一部分泥鳅要在池内越冬。南方一般在养鳅池过冬,北方最常用方法是深水越冬,使水深保持在 1.5 米以上,泥鳅钻入池底泥土中冬眠,若池水冰封要及时破冰,防止泥鳅因缺氧窒息而死亡。

第四节　沼气的其他应用

一、沼气大棚种菜

沼气在蔬菜大棚中的应用,主要是指沼气中甲烷在燃烧时产生的二氧化碳,作为气肥有促进蔬菜生长的作用。作物生长最适宜的二氧化碳浓度为 0.10%～0.15%,而普通蔬菜大棚在光合作用旺盛期,只有 0.02% 的二氧化碳。因此,用人工方法增加大棚内二氧化碳浓度,可加速大棚内蔬菜生长。据试验证明,用人工方法将大棚内二氧化碳浓度提高到 0.10%～0.15%,西红柿产量可提高近两倍;芥菜单株高 66.8 厘米,较未增加二氧化碳浓度单株高 44.9 厘米,增高幅度为 48%;芥菜单株重 12.5 克,较未增加二氧化碳浓度单株重 7.8 克,单株增重 60%。由此可见,沼气大棚种菜可促进蔬菜增产增收。

1. 增施二氧化碳的方法

(1)点燃沼气灯 在北方"四位一体"(沼气池、猪舍、厕所和日光温室)模式中,大棚内增施二氧化碳可点燃一定数量的沼气灯。燃烧每 1 米³ 沼气可获得 0.975 米³ 二氧化碳。一般棚内沼气池寒冷季节产沼气量为 0.5～1.0 米³/天,它可使 0.5 亩地大棚内的二氧化碳浓度达到 0.1%～0.16%。

(2)猪呼出的二氧化碳 大棚内猪舍养一头 50 千克重的猪,每天呼出二氧化碳 1.032 米³,三头猪每天可呼出 3.096 米³ 二氧化碳。猪呼出的二氧化碳可通过温室山墙的通气孔和蔬菜棚内的空气进行自然交换,有利蔬菜生长。

2. 施用浓度和时间

(1)施用浓度 人工施用二氧化碳的最适浓度因作物的种类、生育期、光照强度和季节等因素的不同应有所变化。试验证明,一般蔬菜施用二氧化碳浓度为大气二氧化碳含量的 3～5 倍,即 0.10%～0.15%,其中,叶菜类以 0.15%～0.25% 为宜,黄瓜以 0.12% 为宜,番茄、茄子、辣椒以 0.08%～0.10% 为宜,西瓜以 0.10% 为宜。

(2)施用时间 二氧化碳的施用应在其浓度明显降低时进行,晴天在日出后 30～40 分钟开始施用,待温室需要开窗通风前 30 分钟左右停止。若大棚内施用了大量的有机肥,可在日出后 1 小时施用二氧化碳,午后光合作用较弱时可以不施。在春、秋季,外界气温较高时,施用二氧化碳时间应短些,每天施 2～3 小时,冬季气温较低时,施用时间应长些。一般作物在生育初期施用二氧化碳效果好。

3. 注意事项

①二氧化碳气肥的施用应与大棚内良好的水肥管理相结合,只有在充足的营养条件下,二氧化碳气肥才能发挥较大的增产效果。

②控制二氧化碳的施用时间和浓度。一般大棚内二氧化碳浓度不能超过 5%。如果二氧化碳浓度过高,将会影响作物气孔的张开度,并且扰乱作

物的代谢活动。当大棚内二氧化碳浓度超过 5％时,会危害大棚内的人畜。

③冬季气温低,大棚内通风少,如施用二氧化碳时间长,会使棚内温度升高,因此,要掌握好点燃沼气灯的数量和时间长短,当棚内温度高于作物生长要求时,应立即停止,并及时做好通风换气工作。要科学调节蔬菜大棚的湿度和温度,白天相对湿度为 60％～80％,温度为 20℃～30℃;夜间相对湿度 80％～90％,温度 15℃以下。

二、沼气贮粮

沼气贮粮的原理是在密封的条件下,利用沼气中甲烷和二氧化碳含量高、含氧量极少,将沼气输入粮仓,置换出粮仓内的空气,形成缺氧环境,使粮食中的害虫窒息而死亡,从而实现贮粮的目的。据试验表明,利用沼气贮粮,可使危害粮食的米象 96 小时后不复活,锯谷盗、谷蠹等虫害 72 小时后不复活,除虫率达到 98.8％。以江西中天能源开发有限公司应用沼气贮粮的方法为例介绍如下:

(1)建粮仓　农户可用大缸、罐、桶贮粮,也可建 1～4 米³ 的小仓来贮粮,粮仓建好后必须能密封。

(2)布置沼气扩散管　若是用缸、桶贮粮,可用沼气输气管烧结一端,然后用火烧红的大头针在管子上刺小孔若干,置于缸、桶底部。用仓储粮,则需制作“十字”或“丰”字形沼气扩散管置于仓底,并在扩散管上每隔 30 厘米刺若干小孔,以便仓内迅速充满沼气。两个扩散管分别与沼气池相通,中间均设有沼气流量计和开关。粮仓周围和表面用0.1～0.2毫米厚的塑料薄膜罩覆盖密封。在粮仓顶部的薄膜上粘接一根塑料软管作为排气管,并与氧气测定仪相连。粮仓沼气贮粮如图 5-2 所示。

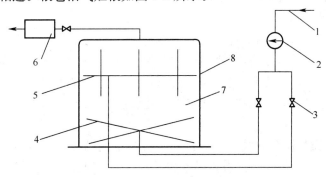

图 5-2　粮仓沼气贮粮

1. 沼气进气管　2. 沼气流量计　3. 开关　4. 十字扩散管
5. 丰字扩散管　6. 测量仪　7. 粮堆　8. 塑料薄膜罩

(3)装粮密封　将需要除虫的粮食装入缸中或仓中,装好沼气进、出气管,用塑膜密封好。

(4)输入沼气　在检查粮仓各部完好不漏气后,打开开关,先"十字形",后"丰字形"向仓内扩散管分别输入沼气。沼气输入量在设有氧气测定仪的情况下,当排出气体中的氧气浓度降至 5% 时,停止充气并密封整个粮仓。每隔 15 天输入沼气一次,输气量仍按上述氧气浓度控制。在无氧气测定仪的情况下,输入沼气可在开始阶段连续 4 天进行输气,每次输气量是粮仓体积的 1.5 倍,可通过沼气流量计测算。以后每隔 15 天输入沼气一次,输入量仍为粮仓体积的 1.5 倍。注意输入沼气时,应及时打开和关闭排气管。

(5)注意事项

①经常检查各部件是否漏气,仓内外严禁烟火,防止发生火灾或爆炸事故。

②沼气管和扩散管内若有积水,应采取措施及时排除。

③沼气池的产气量要与粮仓充气量配套,若沼气池产气量不足,在通气前,可向沼气池内多添加一些发酵原料,以保证有足够的气源。

④因沼气中含有一定的水分,贮粮前要使粮食中的水分降到 13% 以下。因此,用沼气贮粮时应在输气管中安装集水器或生石灰过滤器,灭虫后,要将集水器或过滤器及时晾晒。

三、沼气保鲜水果

沼气保鲜水果是利用沼气置换出贮藏室内的空气,减少氧气含量,降低水果呼吸强度,减弱其新陈代谢,推迟后熟期,同时使水果产乙烯的作用减弱,抑制某些真菌的生长,从而达到较长时间的贮藏保鲜效果,适于贮藏苹果、柑橘、橙、柚等水果。

沼气保鲜水果具有方法简便、成本低、效果好、无残药和经济效益高等优点。据有关资料表明,采用沼气贮藏保鲜脐橙 120 天,平均保果率 92%、失重 5%。基本上保持了原有鲜果的风味,具有较高的商品价值和明显的经济效益。沼气保鲜水果技术,已在江西赣南脐橙生产基地试验推广,具体方法介绍如下:

(1)贮藏场所和方式　选择避风、清洁、干燥、温度比较稳定、昼夜温差变化小的地方。贮藏方式有薄膜罩式、箱式、柜式、贮藏室式和土窖式等。

(2)贮藏场所的建造

①贮藏室式。贮藏室用砖和水泥砂浆砌筑,并预留门、沼气进气孔、排气孔和观察孔(可设置在门上)。排气管道与测氧仪相连,以便随时监测贮

藏室气体环境中的氧和二氧化碳含量。进气管与贮藏室地面设置的沼气扩散器相连。墙体用水泥砂浆抹平,刷上纯水泥砂浆后,再刷密封涂料,以堵塞墙面的毛细孔。木制门板应用油灰勾缝,上油漆。门与门框间垫胶条密封。观察孔的玻璃用油灰嵌缝密封。透过观察孔可直接看到贮藏室内的温度计和湿度计。贮藏室可分设相互隔离的小室,水果装筐入室后,封门时要用胶带纸密封门缝。贮藏室式适于果园、专业户批量贮藏。贮藏室大小可根据果量自定。

②土窖式。土窖呈圆台形,下大上小,下部设木门,顶部设排气孔。门的制作和密封要求同上述贮藏室门的密封制作。底部设置沼气扩散器,并与预埋好的沼气进气管相通。土窖式适于果园、专业户批量贮藏。建窖大小自定。

(3)贮藏场所的消毒　水果在贮藏过程中易受污染的病菌很多,因此,入库前,必须对贮藏空间及四壁进行消毒处理,一般按每 1 米³ 空间用 2～6 毫升的福尔马林加入等量水熏蒸,或按每 1 米² 面积用 30 毫升的福尔马林喷洒。消毒之后需要通风两天才能放入水果。

(4)水果的采摘与装贮　应选择气温较低的晴天上午、露水干后采果,贮藏水果要求八成熟。采果人要戴上手套,用锋利的果剪采摘后,放置在有柔软垫物的果篮里。装运时,要轻装、轻放、边采、边装、边运,不在果园内过夜。保鲜水果中,要剔除出伤、虫、病、畸形和过大或过小的果,放在阴凉、干燥处预贮 2～3 天后入贮。

(5)沼气输入量　应根据水果品种和贮藏装置的密封程度不同,其输入沼气量略有不同。一般每次通气量,每 1 米³ 容积需输入沼气 0.06～0.15 米³。各地可经试验之后,选择每次最佳单位容积的输气量。

(6)适时换气、翻果　一般水果贮藏两个月后,每隔 10 天换气、翻果一次,以后每隔半月换气、翻果一次。翻动时,结合检查贮藏状态,及时剔除出腐烂、伤病的水果,以免造成经济损失。翻果时要轻拿、轻放。出果之前应先通风 3～5 天,以使水果逐步适应外面环境,防止出库后出现"见风烂"的问题。

(7)保持稳定的贮藏环境　沼气贮藏水果温度一般控制在 4℃～15℃,相对湿度控制在 90%～97%。为防止温差波动过大,而使贮藏环境中的水分在水果表面结露,增加腐损率,因此,通风换气时,低温季节宜在中午进行,以防冻害;气温回升后,宜在晚间或凌晨进行,以防热空气窜入。

(8)注意事项　注意安全,防止火灾、爆炸和窒息事故发生。贮藏场所应清洁卫生,定期用 2% 的石灰水对贮藏环境的地面和墙壁进行消毒,及时清扫地面果叶、草屑等。

四、沼气焊接

利用沼气锡焊十分方便,只需与焊头连接一根金属导管,接通沼气,需加温则打开开关,点燃沼气,火苗对准焊头加温,焊头对着工件施焊,温度高低利用开关控制,可比炉火烧焊提高工效 10 倍以上。

还可以利用沼气代替乙炔气实施气焊,只需沼气通过石灰水,除掉部分二氧化碳,使沼气中甲烷含量的比例增高,点燃沼气,手握焊枪,进行气焊,同样可达到乙炔的焊接效果。

五、沼气烘烤白莲

江西"白莲之乡"广昌县盛产白莲(食用有清热润肺之功效),过去用木炭加温烘笼来烘干白莲,现改用普通炉具,燃烧沼气加温烘笼烘烤白莲。使用时,只需用沼气开关控制火力大小,安全可靠,清洁卫生。沼气烘烤白莲比木炭要白,其原因是沼气燃烧无烟,另外沼气中含微量硫化氢,燃烧后产生微量氧化硫,能起到一定漂白作用,对食用品质毫无影响,可提高白莲的商品价值,并节约大量木炭。

六、沼气蚕房加温

孵化蚕种时需要加温。要使蚕房保持一定温度,可利用普通炉具燃烧沼气加温,用沼气开关控制火力,无烟无味,有利于蚕房保持清洁卫生,而且微量的含硫气体有利于杀菌。

七、沼气温室育秧

春季早稻温室育秧,最难管理的是晚间保温、加温。利用沼气炉燃烧加温,可用沼气开关控制温室的温度,加温均衡,燃烧稳定,比较安全,不需专人看守,节省人力,提高育秧效果。

八、沼气孵鸡

[例 5-5] 沼气孵鸡用的孵箱是采用过去的煤油孵箱,利用沼气灯的泥头和灯柱做燃具,用沼气开关控制火力的大小,操作方便,保温性能好,不污染环境、保证孵化质量,受精蛋孵化率达到 90%,毛蛋孵化率达 80%,孵出的小鸡成活率高,同时也节电节油。

[例 5-6] 广西玉林市电器节能研究所(邮编 537000)为适合大型养鸡

场和农村养鸡专业户需要,研制成"气热式沼气孵禽加热器"投放市场。该加热器主要部件包括燃烧器、燃烧器支架、燃烧执行器、数显控温仪、散热器等。沼气孵禽加热器的结构如图 5-3 所示。燃烧器支架是支撑燃烧器的主体,用钢板焊接成形。燃烧执行器由电子元件构成,装在铁盒内,在得到开始燃烧或停止燃烧信号时,自动打开或关闭气门。燃烧器根据所需热量设计而成,以适应各种不同容蛋量的孵化机。数显控温仪可控制胚胎各发育时期的温度,并便于远距离监视与控温。散热器也称传

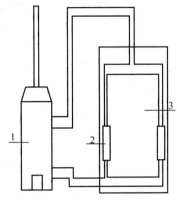

图 5-3　沼气孵禽加热器的结构
1. 燃烧器　2. 散热器　3. 孵化箱

热器,可将燃烧器产生的热量传给孵化箱内的禽蛋。

加热器工作过程是当孵化箱内温度没有达到设定值温度时,燃烧执行器接到数显控温仪发出开始燃烧的加温信号,打开气门,向燃烧器供气加热,使孵化箱内温度上升;温度达到设定值时,数显控温仪发出停止燃烧信号,燃烧执行器关闭气门,燃烧器渐停加温。孵化箱内当温度低于设定值时,又重复上述工作,直至孵化出小鸡为止。

在家禽孵化期间,如果说适宜的温度条件是家禽破壳而出的动力,那么适宜的湿度条件则是家禽维持胚胎发育的营养基础。

(1)温度条件　孵化温度的控制有两种:

①变温孵化。适用于整台孵化机上放满相同胚龄种蛋的情况。

②恒温孵化。适用于在一台孵化机中分批上蛋,并采用新老蛋交替排列。鸡、鸭、鹅蛋的孵化用温度见表 5-1。

表 5-1　鸡、鸭、鹅蛋的孵化用温度

禽蛋	室温/℃	孵化机内温度/℃				出雏机内温度/℃
		恒温孵化	变温孵化			
鸡	24	1~7 天 38.05	1~5 天 38.6	6~12 天 38.05	13~17 天 37.5	18~20.5 天 36.9
鸭	24	1~23 天 38.05	1~7 天 38.05	8~16 天 37.8	17~23 天 37.2	24~28 天 36.9
鹅	24	1~23 天 37.2	1~7 天 37.8	8~16 天 37.8	17~23 天 36.7	24~30.5 天 36.4

(2)湿度条件　孵化初期相对湿度以 60%~65%为宜,以减少蛋内水分

蒸发,利于胚膜形成。孵化中期相对湿度为50％～55％,因为此时胎膜已逐渐发育完善,发挥正常功能,如湿度太大,反会阻碍胚胎代谢物的排出而影响胚胎发育。孵化末期,孵化机内的相对湿度为70％～75％,使蛋壳变脆而利于破壳,防止胎毛与蛋壳粘连。

第六章　沼气系统常用辅助机械使用与维修

第一节　沼气原料采集机械使用与维修

一、小型割草机

1. 割草机的用途

割草机主要用于收割牛、马、羊、驴等牲畜饲喂所需的各种草料,同时可用于沼气池发酵草料的采集。割草机具有割茬低、速度快、工效高等特点,深受农牧民的青睐和沼气户欢迎。

2. 割草机的结构和技术参数

(1)结构　小型割草机又称动力镰,其作业携带方式有背负式和侧挂式两种。该机主要由发动机、操作部件和工作部件组成。割草机结构如图6-1所示。

(2)技术参数

①割草机主要技术参数见表6-1。

②割草机配套专用刀片的应用见表6-2。

3. 割草机的正确使用

(1)使用特点　该机质轻价廉,每台售价2000元左右,操作灵活,能任意转向,适用于草地、草坡、山地等各种复杂地形收割,可用作沼气原料的青草和牲畜用饲牧草收割,配上扶禾架,可用于收割水稻、小麦、玉米、高粱、大豆、油菜等茎秆作物,可以在茶园、果园进行修枝、除草。使用该机不用弯腰,劳动强度低,比人工可提高工效10倍以上。

(2)操作要点　以YGB-2A型小型割草机为例加以说明。首先加足油箱燃油,打开供油开关,用手拉起动绳1~3次,汽油发动机即可起动。发动机有减振装置,并将动力通过柔性传动轴传给刀片或锯片,操作者只要将机器背负在背后,双手握持工作杆向前,在草地上左右摆动刀片,就可边走边割,轻便自如,割茬低,割幅1米左右。

(3)注意事项

①检查发动机进气门、排气门、进气孔是否有污物堵塞,有则应清除。

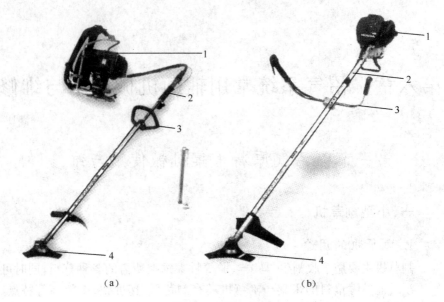

图 6-1　割草机结构

(a)背负式　　(b)侧挂式

1. 发动机　2. 传动部分　3. 操纵部分　4. 工作部件

表 6-1　割草机主要技术参数

项目 ＼ 型号		YGB-2A	YGB-2B	YGC-2A
携带方式		背负式		侧挂式
发动机	型号	1E36F		1E36FB
	型式	风冷二冲程单缸汽油机		
	功率/千瓦/转速/(转/分)	0.81/(6000～6500)		
	排量	30.5cc		
	汽化器型式	浮子式		
	点火方式	电感式电子点火		
	净重/千克	3.2		
整机质量/千克		9.5	10	7.5
外形尺寸/(毫米×毫米×毫米)		2560×280×400		1700×540×350
包装尺寸(L×W×H) /(毫米×毫米×毫米)		330×300×440 (背负部分)		330×300×350 (动力部分)
		1380×100×65 (机具部分)		1480×130×110 (机具部分)

表 6-2　割草机配套专用刀片的应用

刀片种类	用　　途
尼龙绳盘	切割嫩草,不怕石头,高效安全,特别适合水泥路旁、墙角及树木边的除草
2齿、3齿、4齿、8齿刀片	适合割除杂草及藤蔓
40齿锯片	适用于水稻、小麦、玉米、大豆、油菜的收割
80齿锯片	适用于修剪枝、打枝,切割直径12厘米以下树木,也可用于割除杂草、芦苇等
其他特种锯片	用于伐木的复合齿锯片,用于收割甘蔗的锯片等

②检查火花塞外瓷是否有脏裂,若有破损应更换,否则影响点火。

③检查燃油箱是否有滴漏现象,有破损应找到漏油处,把外表擦净后,用细砂纸擦出新金属面,采用辽宁抚顺市生产的"哥俩好"牌胶粘剂进行粘补。

④用手转动起动轮,检查气缸压缩是否正常,如有卡滞现象,应排除故障。

⑤检查燃油箱是否充足,若不足,按规定加足合格的汽油和润滑油组成的混合燃油。

4.割草机的维护保养

①作业前,检查机器各部连接部位有无松动,有则应紧固;刀片是否锋锐,背带是否断裂,发现问题应及时维护解决。

②作业中,若发现发动机噪声高、振动大、刀片损坏等情况,应及时停机检修。

③作业后,应清除刀片上的泥土和缠草,修磨钝刀片或更换损坏的刀片,并给工作部件加注润滑油。

④如长期不用,应按说明书规定对机器进行全面保养后,放置在通风干燥室内保存,绝不能与农药和化肥混存。

5.割草机常见故障及排除方法

(1)发动机起动困难故障原因及排除方法

①火花塞体壳与绝缘体间隙充满积炭而使极间不跳火。

排除方法:清除极间积炭;调整火花塞间隙达到0.6~0.7毫米。

②白金触点烧损影响点火。

排除方法:用细砂纸擦磨平白金触点烧损面后,再调整其间隙达到0.25~0.35毫米。

③气缸内润滑油干涸而卡死活塞。

排除方法:在油路畅通的前提下,拆下火花塞,往火花塞孔内注入少量汽油,转动起动轮,清洗油污后倒出脏汽油,再滴几滴机油润滑。

(2)发动机起动后达不到额定转速故障原因及排除方法

①长期使用汽油与机油混合比不当的混合油,会造成活塞与缸套磨损过大、压缩力不足。

排除方法:更换活塞、缸套;更换新件后,选用配比适当的混合油(新件磨合期汽油与机油比为15∶1;正常使用期为20∶1)。

②进、排气门和燃烧室积炭多。

排除方法:定期保养,清除上述机件污物。

③曲轴箱漏油或油封损坏。

排除方法:更换损坏的油封,重新密封曲轴箱。

(3)发动机运转异常,有时发生爆炸声而熄火故障原因及排除方法　因电路接触不良,高压点火线焊接松动。汽油机在高速运转时,二冲程汽油机的活塞上下运动两次,便完成了一个工作循环。如果电路接触不良,不能正常点火,会造成几个工作循环混合气积聚,一旦点火,就会发生爆炸响声。

排除方法:重新焊接好高压点火线。

(4)割草缓慢,收草量下降故障原因及排除方法　刀片久用会变钝,割草量自然会降低。

排除方法:磨锐刀片或更换新刀片。

二、小型剪草机

(1)剪草机的用途　剪草机主要用于在草坪上剪切鲜嫩青草用来饲喂兔、鸡、鹅、羊等禽畜,同时也可用于沼气池发酵草料的采集。剪草机具有剪草速度快、剪茬低等优点,较人工剪草提高工效10倍以上。

(2)剪草机的结构　剪草机可分为滚刀式、旋刀式和往复式。

①上海园林工具厂生产的G-Ⅲ型机动滚刀式剪草机,其结构主要由发动机、闭式链传动系统、滚刀、草斗、操纵系统和行走系统组成。发动机使用1E50F-Z二冲程汽油机,功率为2.2千瓦。

②北京园林局机修厂生产的CJ-420型机动旋刀式剪草机,其结构主要由发动机、起动绳、空气滤清器、调高手柄、离合器操纵杆、油门手柄、集草袋等组成。机动旋刀式剪草机结构如图6-2所示。

(3)剪草机的正确使用

[例6-1]　CJ-420型机动旋刀式剪草机的正确使用。剪草机发动机起动后,依靠安装在机器腹部下方的旋刀高速旋转,将草剪下,并通过高度旋转的惯性和

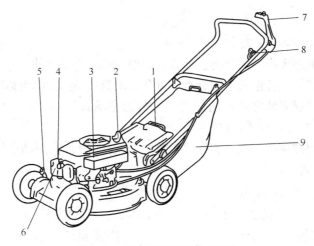

图 6-2 机动旋刀式剪草机结构

1. 集草袋把手 2. 起动绳 3. 空气滤清器 4. 火花塞帽
5. 调高手柄 6. 消声器 7. 离合器操纵杆 8. 油门手柄 9. 集草袋

气流,将剪下的草通过引导管,抛进集草袋。该机具有质量轻、功率大、操作灵活、生产效率高的特点,广泛用于中小型人工草坪的剪草作业。

[例6-2] 旋刀式剪草机的正确使用。操作者用手拉起动绳,将发动机起动,发动机驱动旋刀高速旋转,将离合器操纵杆处于接合位置,加大节气门(油门),再用手握住铁扶手杆,推动机器,依靠4个轮子在草地上向前行走,边走边割。

(4)剪草机的维护保养

①作业前,应清除草坪的杂物及石块,检查机器各部件是否连接可靠。

②作业中,若机器振动大、噪声高、行走轮推不动、旋刀剪草不净等情况,应及时停机检修,故障排除后再继续作业。

③每天作业后,应清除机器上泥土、缠草、给发动机、行走轮等润滑点加注润滑油,检修磨钝或损坏的旋刀。

④停机不用时间长时,应对机器进行全面清洗,对旋刀涂机油防锈,对发动机按说明书的规定保养合格后,放置在通风干燥室内存放,机上盖塑料布防尘。

第二节 沼气原料加工机械使用与维修

一、小型铡草机

1. 铡草机的用途

铡草机主要用于各种鲜干草类、秸秆牲畜饲料、茎秆等的铡切,也可用于沼气池发酵原料的铡切。

2. 铡草机的分类和技术参数

(1)按机型大小不同分类　可分为大型、中型、小型三种。

(2)按切割部位形式不同分类　可分为滚筒式、轮刀式(也称圆盘式)。

(3)按机器安装方式不同分类　可分为移动式和固定式。小型铡草机切割部件一般为滚筒式,并多为固定式。

(4)常用铡草机的规格和技术参数　在我国农村,常用铡草机的规格及技术参数见表6-3。

3. 铡草机的结构

9Z-0.5型铡草机主要由支架、喂入斗、大齿轮、导草辊、定刀片、动刀片、刀架子、小嵌合齿轮、带轮、出料斗等组成。9Z-0.5型铡草机结构如图6-3所示。

4. 铡草机的正确使用

各种型号铡草机的安装、调整、使用方法基本相同。现以9Z-0.5型铡草机为例介绍其正确使用方法。

(1)安装　该机可用地脚螺栓紧固机架脚底部,也可将机器放在平整地面上,机架脚部用较重石块压牢,即可进行作业。喂入斗是活动安装的,在运输时可以摘下,作业时将喂入斗支架卡在钩上,并把机器的防护罩装好,再接好电源。

(2)调整　该机切割间隙的大小以不碰定刀片与动刀片刃口为原则。一般切粗硬干物料(如青玉米秸秆)的间隙为0.3~0.5毫米,切割稻、麦秸秆的间隙为0.2毫米。动、定刀片之间的间隙调整主要是调整动刀片。在调整时,先将定刀片固紧,再将动刀片两端固定的螺栓稍拧松,然后调整螺钉,使动刀片向前移动到动、定刀片刃口间隙为0.2~0.3毫米,再拧紧螺母。

在实际操作中,如有刀片不锋利而引发长草增多,则应磨锐刀刃;如电动机V带打滑、功率消耗大,则应调整V带,使其松紧达到手指压V带中部位下垂15毫米左右为宜。

(3)操作要点

①开机前仔细检查机器各部紧固件是否松动,特别是动、定刀片必须紧固。如发生松动,应加以紧固,以防发生伤人事故。

②检查喂入斗、刀架室、出料斗有无工具及其他异物,如有,开机前必须清除。

③检查主轴转动是否灵活,如有卡滞,应找出原因,及时排除。

④检查符合要求后,开机运转几分钟,待机器正常运转后,即可投入作业。

表 6-3　常用铡草机的规格和技术参数

项目	ZF-1型铡草机	9Z-1.0型铡草机	QD-1.0型铡草机	ZP-1型铡草机	ZC-10	9CF-1.0 风送式	ZTY-404型铡、脱、扬多用	9Z-0.5型铡草机	9ZP-1.6型铡草机
型式	滚筒式	滚筒式	圆盘式	圆盘式	滚筒式	圆盘式	滚筒式	滚筒式	圆盘式
配套动力/千瓦	4	3	4	4.5	3	3	3	1.1(单相)	3
刀盘(圆盘)直径/毫米				578	305		305		
主轴转速(转/分)	700~750	775		750	775		1020	970	800
动刀片个数	2	2	2	2	2			2	
刀片间隙/毫米	0.2~0.3	0.2~0.3	0.3~1	0.5~1.0	0.2~0.3			0.2~0.3	
喂入辊间隙/毫米				0~65	5~45			0~25	
喂入口宽/毫米			260	175	200	110		110	110
铡草长度/毫米	14,17,46,56	13,26	8,18,20,60	19.5,33.4,54.7,85.5	13,26	15,35	15,25	14,24	11,15,20,26,35
主轴承型号			206	206	206			205	
外形尺寸(长×宽×高)/(毫米×毫米×毫米)	910×600×1070	1640×540×1024	1650×1950×2810	1050×1886×2295	1750×600×1100	280×980×1330	1600×500×750	120×30×78	1045×694×2150
质量/千克	252	158	360	180	190	110	144	40	110
干草(秸秆)加工量/(千克/小时)	1100~1500	100(谷草)	1000				铡草600~1100	400	
青饲料加工量/(千克/小时)	3000~4000		3000				脱粒400		
输送高度/米	6~8		抛送高度2.95				扬场1100~1500		

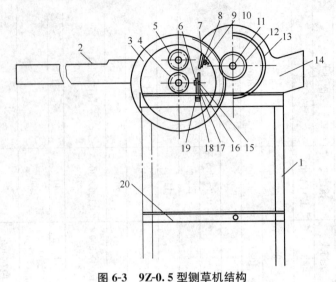

图 6-3　9Z-0.5 型铡草机结构

1. 支架　2. 喂入斗　3. 大齿轮　4. 下导草辊(与大齿轮同轴)　5. 上导草辊

6. 定刀片锁紧螺母和弹垫　7. 动刀片　8. 刀架子　9. 动刀片固定螺钉

10. 动刀片调整螺钉和弹垫　11. 刀架子主轴　12. 小嵌合齿轮　13. 皮带轮

14. 出料斗　15. 定刀片调整螺钉　16. 定刀片　17. 背母

18. 下调节螺钉　19. 背铁(定刀架)　20. 电机座

⑤操作人员要备有清理草料的工具,将要加工的草料内杂物、石块、铁钉清理出来,否则进入机器内易损坏刀片或其他机件。

⑥要有堆放草料的场所和与喂入斗水平相接的工作面,以便堆放草料和保证草料连续喂入。

⑦开机后,操作人员的手不准进入喂入室。若喂入口发生堵草,不准用木棍、铁棍推堵塞的草,以防发生铡切手指或被木棍、铁棍钉伤的事故。

⑧机器作业发生故障时,应拉开电闸停机后,再进行修理,排除故障不得在机器运转时进行。

5. 铡草机的维护保养

①作业前,要按规定对各部件进行检查、调整,达到技术要求后再开机作业。

②动、定刀片应经常保持刃口锋利,否则应拆卸下来,进行刃磨。

③每使用一个月后,应将主轴两侧的轴承和喂入辊轴两侧的轴承拆下清洗干净,重新注入润滑脂,再安装使用。若其他旋转部位有注油孔,使用中应经常用油枪加注润滑脂。

④机器停用时,应擦除表面尘土及脏物。若停放露天时间较长,应用雨布盖好,以防机器生锈。若停放时间长或季后不用,应对机器进行全面保养

后，放置于通风干燥处保存。

二、小型揉搓机

1. 小型揉搓机的用途

小型揉搓机能将玉米秸、高粱秸、豆秸等农作物秸秆揉搓成较柔软的散碎饲料，适合牛、羊、马等使用，也适合农村沼气户用于沼气池发酵原料秸秆的加工。

2. 小型揉搓机的结构和技术参数

9SC-400 型锤片式揉搓机主要由喂料口、锤片、齿板、风扇、V 带、出料口、电动机和机架等组成。9SC-400 型锤片式揉搓机结构如图 6-4 所示。

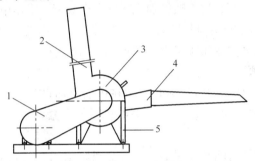

图 6-4 9SC-400 型锤片式揉搓机结构
1. 动力传动部分 2. 出料口 3. 工作室 4. 喂料口 5. 机架

北京中燕农牧机电设备联营公司生产的 9SC-400 型锤片式饲料揉搓机主要技术参数如下：

配套动力　11～15 千瓦

主轴转速　2700 转/分钟

转子工作直径　400 毫米

锤片数量　36 片

轴承规格　308

V 带型号及长度　B 型,1976～2014 毫米

外形尺寸(长×宽×高)　2360 毫米×1200 毫米×1310 毫米

生产效率　1000～150 千克/小时

3. 小型揉搓机的正确使用

(1)安装

①用螺栓将揉搓机和电动机牢固地安装在机座上，调整电动机的位置，保证电动机带轮槽和主机带轮槽对正并得到适度的 V 带松紧度，将机器安

放在平整的水泥地面上,并用地脚螺栓与机架固牢。

②接通电器设备及线路,并要求安全可靠。

③安装后的机器各部运转灵活,经空载试运转无卡滞、碰撞异常现象后,方可投入使用。

(2)操作要点　揉搓机作业时,物料由人工放入喂料口,在高速旋转锤片的抓取,以及气流作用下进入工作室,被锤片、齿板揉搓成散碎物料,再被风扇抛出机体外。

开机前,检查各部机件的连接情况,清除机内和待揉搓物料中的杂物和石块,然后起动机器,先空转 2～3 分钟,观察无异常后再投料正式作业。工作中,操作人员给喂物料时,应连续、均匀不间断;喂料要适量不能过多,也不能过少。过多喂料会出现堵塞现象,过少喂料则会降低生产效率。工作中若出现堵塞或机器发出异常响声,应立即停机,排除故障后再作业。工作结束前 2～3 分钟,应停止喂料,然后切断电源,停机后再擦拭机器和清扫现场。

(3)注意事项

①操作手不要戴手套,送料时应站在机器侧面,以防机内反弹出来的杂物打伤脸部、头部。喂入长茎秆时,手不宜抓得太紧,以防手被带入机内,造成人身伤害。

②机器不能长时间超负荷作业,如发现堵塞闷车、机体温度过高、机器声音异常等现象,应立即停机检修,排除故障后再继续作业。

③作业时,操作手不能离开岗位,要眼看、耳听、手摸机器(机体温),观察机器运转状况。

④停机前,应停止送料,待机内物料排净后,操作手再切断电源停机。机器未停稳,不得对机器进行检修或加油润滑,以防发生事故。

4. 小型揉搓机的维护保养

正确地对机器进行维护保养,可以延长机器使用寿命。揉搓机每工作30 小时,两轴承应加润滑油一次;工作 300 小时后应将轴承油污清洗干净,重新加注润滑脂;定期检查锤片磨损情况,一个棱角磨损应调换使用面,若 4个棱角全部磨损则应换用新件;机器在露天作业时,应设有防雨设施;长时间不用时,应按规定对机器进行全面保养后,放置在通风干燥的室内保存。

5. 小型揉搓机常见故障及排除方法

(1)生产效率下降故障原因及排除方法　故障原因是锤片磨损严重,机器转速太低。

排除方法:调换锤片使用面,若磨损过度,应换新件;调整 V 带的松紧,保证机器的额定转速。

(2)轴承过热故障原因及排除方法　故障原因是轴承座内润滑脂太少，使用时间过长，主轴弯曲或转子不平衡，轴承损坏。

排除方法：向轴承加注或更换润滑脂；校正主轴、平衡转子，更换损坏的轴承。

(3)机器振动大故障原因及排除方法　故障原因是机座不稳或固定螺栓松动；对应两组锤片质量差太大，锤片排列错误，个别锤片卡住没甩开；主轴弯曲变形和轴承损坏。

排除方法：应将机器在地面上放平，并紧固螺栓；调整锤片（新旧锤片不能混用），要保持锤片质量平衡，并按顺序排列锤片，保持锤片转动灵活；校正或更换主轴；更换损坏轴承。

(4)电动机过热或无力故障原因及排除方法　故障原因多为长期超负荷运转、电动机绕组短路、三相电动机只有两相运转所致。

排除方法：检修电动机，排除绕组短路，保持电动机在额定负荷下运行工作，并经常保养电动机。

三、小型粉碎机

1. 小型粉碎机的用途

小型粉碎机主要用于加工动物饲料、粮食、中草药材等，也可用于粉碎秸秆为沼气池提供发酵原料。

2. 粉碎机的结构和技术参数

如图6-5所示，粉碎机有锤片式和齿爪式之分。锤片式粉碎机主要由机座、带轮、粉碎室、盛料滑板、输料管、输送风泵、进风口和电动机等组成。

①现以北京中燕农牧机电设备联营公司生产的9FQ40-20型锤片式粉碎机为例加以介绍。该机是切向喂料式粉碎机，能粉碎粒料、块料、茎秆草料，也可用于打浆，具有结构简单、使用方便、加工原料适用性广的特点，适合畜禽饲养个体户、乡镇企业和中小型饲料加工厂和农村沼气户使用。9FQ40-20型锤片式粉碎机技术参数如下：

　　　配套动力　7.5～11千瓦
　　　主轴转速　3300～3770转/分钟
　　　锤片数量　8、12片
　　　生产效率　750～1100千克/小时
　　　外形尺寸(长×宽×高)　900毫米×885毫米×810毫米

②现以江西省万载县农机有限公司生产的9F-350型粉碎机为例加以介绍。该机主要用于粉碎谷壳、薯藤、豆秸、玉米秆等饲料和沼气池发

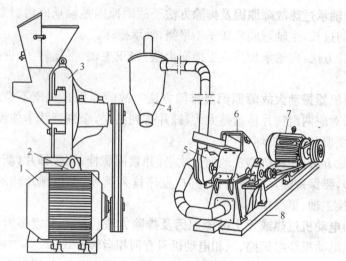

图 6-5 粉碎机

1、7. 电动机 2. 电机座 3、6. 粉碎机 4. 聚料筒 5. 输送风泵 8. 木板底座

酵原料；粉碎大米、麦子、红薯、土豆等粮食；粉碎花生、菜籽、棉籽、茶籽等油料；粉碎纸筋、木屑和当归、党参等建材和中药材，是一种高效、多用的机械，适用于农村个体户、乡镇企业饲养场和农村沼气户。9F-350 型粉碎机主要技术参数如下：

配套动力   7.5～11 千瓦电动机或柴油机
整机质量   90 千克
生产效率   800～1100 千克/小时
单机售价   1860 元/台

3. 粉碎机的正确使用

①粉碎机必须安装牢固可靠，动力机的控制开关或手柄应安装在靠近作业者的地方，便于发生故障时及时切断动力。

②检查各部件的紧固情况，特别是转盘、锤片等高速转动零件，必须固定可靠。

③开机前，必须向主轴加注润滑油，向其他润滑点加注润滑脂。

④打开粉碎机盖板或上盖，检查粉碎室内有无其他杂物，然后将盖板盖好，用手转动带轮，转子应能灵活转动。

⑤上述检查正常后，即可开机试运转。观察动力机转动方向是否符合粉碎机运转方向。

⑥空机运转 5～10 分钟，再检查一次各部机件情况，如都处于完好技术状态，即可将饲料或秸秆装入盛料滑板，扎牢聚料袋，正式工作。新机初次

加工时,可先加入部分干草,以清除机器内的防锈油或污物。

4.粉碎机使用注意事项

①粉碎机起动后,操作者必须密切注视机器运转情况,不得离开工作岗位。

②待粉碎的原料应仔细精选,严禁夹带石块、钉子等杂物进入粉碎室。

③操作者应戴上口罩和工作帽,衣服双袖应扎紧,站在加料口一侧,忌站在机器两头。

④控制粉碎物的流量,喂料要均匀,不要忽快、忽慢,忽多、忽少。听到机器有不正常响声,应立即停机检查,排除故障后再作业。

5.粉碎机的维护保养

①作业前,应检查机器各部件连接情况,特别是高速旋转的锤片,如有松动,要及时固紧;检查电源至电动机的导线,如有破损漏电要及时更换;向机器润滑点加注润滑脂。

②作业中,机器发生堵塞,或原料中夹带石块、金属进入工作室发出异响,应立即停机,清除盛料滑板中的物料,疏通堵塞,排除工作室内的异物。

③作业后,做好班后保养,擦拭机器外部尘土,清扫现场,保持良好工作环境;检查或调整传动 V 带的松紧度,若太松打滑,需移动电动机位置后,用拇指压下 V 带中间部位下沉 10~15 厘米为宜;对轴承、电动机、输送风泵的传动部位加注润滑脂。

④机器长时间不用,应对机器进行全面保养后,放置在通风干燥处保存。

6.粉碎机常见故障原因及排除方法

(1)不粉碎或粉碎率低故障原因及排除方法　故障原因是转速过低,筛子规格不符,锤片磨损,原料太湿。

排除方法:调整 V 带松紧度,保证动力机的额定转速;更换不合适的筛子;调换或更换锤片;晒干原料。锤片的淬火与磨损情况如图 6-6 所示。

(2)机器振动严重有噪声故障原因及排除方法　故障原因是机器安装不平、地脚螺栓松动、机座不稳固;主轴弯曲或转子失去平衡;机器转速高;轴承内有脏物或损坏。

排除方法:调整机器使之平衡,拧紧地脚螺栓,稳固机座;修理或更换主轴,平衡转子;保证额定转速;清洗或更换轴承。

(3)轴承温度高故障原因及排除方法　故障原因是轴承游动间隙不当或损坏;润滑脂质量不好或加注量过多或过少;转速过高。

排除方法:调整轴承游动间隙或更换轴承;加注适量合格的润滑脂;保

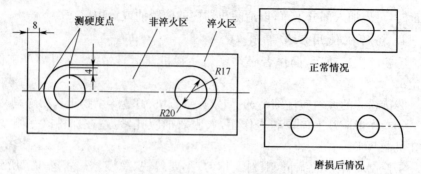

图 6-6　锤片的淬火与磨损情况

证额定功率下机器的转速。

(4)粒度不适当或不均匀故障原因及排除方法　故障原因是筛子规格不对或磨损;风门关闭。

排除方法:调换或更换筛子;开大风门。

第三节　沼气池出料机械使用与维修

农村户用沼气池主要发酵原料除人、畜粪便外,还有大量难以腐烂、长期存在池内的秸秆和杂草。为在大出料时清除池内难以腐烂的污物,目前农村沼气用户采用了机械和手动工具相结合的出料方式。下面分别介绍这两种出料方式所用机具的使用与维修。

一、抽沼渣机械

1. 抽沼渣潜水电泵

近年来,我国引进国外先进技术生产的 WWQ 型污物潜水电泵和 QX 型污水潜水电泵等系列产品,已大量投放市场,主要用于输送含纤维、纸屑、粪便、泥浆及其他固态悬浮物等超一般清水标准的常温污物,适用于工业、建筑工程污水的排放,农业上污水的排灌和农村沼气池污水、污物的抽取。

(1)WWQ 型污物潜水电泵

①使用条件。该产品由水泵(旋转式叶轮)和干式三相异步电动机组成,采用了优质密封磨块,电动机内设有热保护器,超载、过载时能自动停机,使用寿命较长,可抽吸污物含量小于 4%,不溶性固体颗粒直径小于 9 毫米的污水污物,pH 值为 6～8,介质温度不超过 40℃。

②技术参数。流量 2～50 米^3/小时,扬程 5～20 米,功率0.2～3 千瓦。

③电泵结构。该泵由进口端盖、泵体、叶轮、轴、电动机等组成。污物型

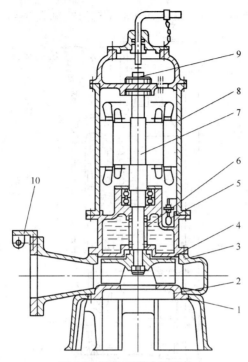

图6-7 污物型潜水泵结构

1. 进口端盖 2. O形密封圈 3. 泵体 4. 叶轮 5. 浸水检出口
6. 机械密封 7. 轴 8. 电机 9. 过负荷保护装置 10. 连接部件

潜水泵结构如图6-7所示。

(2)QX型污水潜水电泵

①使用条件。水中含泥沙量或不溶于水的固体颗粒含量不超过4%,固体颗粒不大于7毫米,pH值为6.5~8。

[例6-3] 电泵型号含义示例:

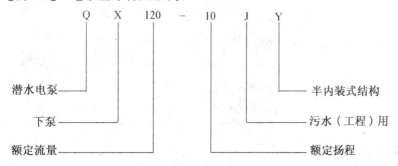

②电泵结构。QX22-15JZ型污水潜水电泵主要由外壳、叶轮、泵壳、转子、定子、上端盖、下端盖、电缆、管接头、轴承等组成。QX22-15JZ型潜水电

泵结构如图 6-8 所示。污水泵常见规格结构形式见表 6-4。

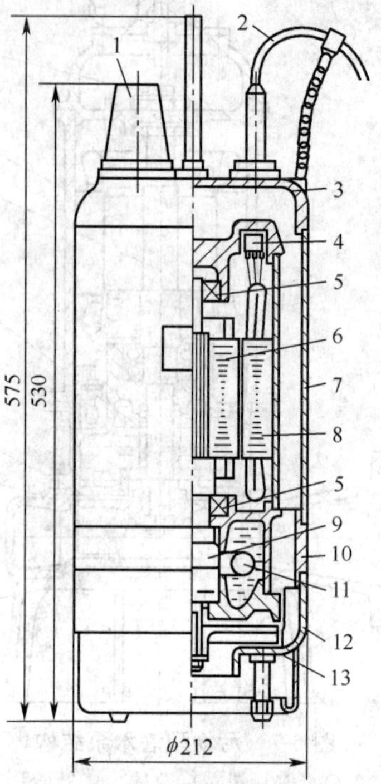

图 6-8　QX22-15JZ 型潜水电泵结构

1. 管接头　2. 电缆　3. 上端盖　4. 零点温度继电器　5. 轴承　6. 转子

7. 外壳　8. 定子　9. 机械密封盒　10. 下端盖　11. 呼吸套　12. 泵壳　13. 叶轮

表 6-4　污水泵常见规格结构形式

型号	污水泵结构形式		叶轮材料
	叶轮	泵体	
QX6-15J	半开式　三叶片不易堵塞叶轮	螺旋形蜗壳	铸铁
QX10-10J	半开式　二叶片不易堵塞叶轮	螺旋形蜗壳	铸铁
QX120-10YJ	半开式　五叶片不易堵塞叶轮	螺旋形蜗壳	合金铸铁
QX22-15JZ	半开式　五叶片不易堵塞叶轮	径向导叶	铸铬钢

③QX 型污水电泵技术参数见表 6-5。

表 6-5　QX 型污水电泵技术参数

型号	QX6-15J	QX10-10J	QX120-10JY	QX22-15JZ
额定流量/(米³/时)	6	10	120	22
额定扬程/米	15	10	10	15
出水口径/毫米	25	40	130	50
额定电压/伏	380	380	380	380

续表 6-5

型号	QX6-15J	QX10-10J	QX120-10JY	QX22-15JZ
额定电流/安	1.75	1.75	11.6	6.5
额定频率/赫兹	50	50	50	50
额定转速/(转/分)	2850	2850	1440	2870
绝缘等级	B	B	B	E
机组效率(%)	28.5	28.5	50	37
功率因数	0.85	0.85	0.85	0.82
配用功率/千瓦	0.75	0.75	5.5	2.2
质量/千克	18	18	120	50

④QX 型污水电泵常见规格外形尺寸见表 6-6。

表 6-6　QX 型污水电泵常见规格外形尺寸　　　　　（毫米）

型号	h	b	D	质量/千克	外形图
QX6-15J	400	245	40	18	
QX10-10J	400	245	50	13	
QX120-10JY	300	430	150	120	
QX22-15YZ	575	215	65	50	

(3)QWD 型潜水式无堵塞电泵

①使用条件。介质温度不超过 40℃,相对密度不超过 1.24,pH 值为 6～9,介质颗粒及纤维长度与出水口径有关。电动机不得超过液面工作,但入水深度不得超过 5 米。

②技术参数。流量 18～200 米³/小时,扬程 10～35 米,功率 2.2～3.7 千瓦,出水口径 65～150 毫米,允许通过异物球状直径 65～150 毫米,纤维长度 450～1000 毫米。

上述潜水电泵主要生产厂有上海人民电机厂、杭州水泵总厂、浙江诸暨水泵厂、平江潜水泵厂、蚌埠潜水电机厂、泰州潜水电机厂、安庆潜水电机厂、湘南电机厂等。

2. 柴油机专用沼气抽渣泵

柴油机专用沼气抽渣泵由小柴油机和抽渣泵两部分组成。柴油机功率为 3～6 马力,抽渣泵出水口径为 60～150 毫米。该机组结构简单,使用维修方便,适合山区无电沼气户抽渣使用。若农村沼气用户抽渣需要,可与江西省南昌市红谷滩新区绿茵路 500 号江西晨明实业有限公司订购(电话:0791-

6293720)。

3. 潜水电泵的正确使用

(1)开活动盖　首先打开沼气池的活动盖,让沼气池内残存的沼气散尽后,再开始出料,以免发生工作人员中毒。

(2)放泵入池　在开始出料前,用竹竿试探一下池内的清液、浮渣和沉渣的深浅情况,对池内沼肥结构有个粗略的了解,以便决定如何出料。放泵入池前,应先用抓卸器将池中间部位的浮渣层抓出,以免浮渣进入泵体造成堵塞,然后再把泵放到清液中心部位进行抽液。

(3)抓出浮渣　若沼气池内的浮渣层厚实,且含有较多的长纤维物质,应尽量先抓出,否则会堵塞抽渣泵;若浮渣层虽厚实,但不含长纤维物质,则不一定将浮渣全部抓出。抓出浮渣后剩下的浮渣要搅拌成一定浓度的料液,即可用泵抽出。

(4)冲击搅拌　出料前,要用泵抽出的清液冲击浮渣和沉渣,其目的是使浮渣和沉渣与清液充分均匀混合。冲击前,可将出料管扎紧在竹竿上,在出料管口装上喷枪头,以增大对浮渣和沉渣的冲击力。手握出料管要不断移动位置,将喷枪头喷出的清液伸入池底和四周,使沉渣尽量泛起并与清液混合均匀。在搅拌过程中,若出现料液浓度太高抽不出料时,可向池内加水搅拌。

(5)科学出料　料搅拌好后,应用工具将一些未腐烂的长纤维和浮在液面上的杂物捞出再出料。抽渣泵在工作过程中,泵口难免会吸上塑料薄膜、木屑等杂物而发生堵塞,流量会减小,甚至断流。这时应关掉电源,将泵吊起,清除杂物后再出料。有些池内料液浓度高,则应采取搅拌、抽液、加水的方法,这样反复多次才能出尽料。

4. 潜水电泵使用注意事项

①使用前,应检查泵体,电缆线是否有破损或折断,若有则要及时修理或换线,以免发生事故。

②使用前,应检查放气孔、放水孔、电缆接头等部位是否有松脱现象,有则应拧紧。

③使用前,应检查放油孔有无漏油,若有应更换耐油橡胶垫片,然后加足变压器油,再拧紧螺栓。

④电源开关接线要正确可靠,一般应在地面上先试运转3～5分钟,注意电动机旋转方向是否正确,检查电泵正常后方可下水池作业。

⑤电泵下水池时,应用吊索固定拴在泵的耳环上,再慢慢放入水中。作业时,电缆线不能承受拉力、当作绳子使用。

⑥电泵潜水最大深度3～5米,最小为0.5～1米。潜水过深,水压过大,

电动机容易受损;潜水过浅,容易吸入空气,导致功率下降,抽吸量减少。

⑦电泵作业运行中,要有专人看管,随时注意运行情况,千万不可让电动机露在水面或陷入淤泥之中,以免因散热不良导致电动机线圈烧坏,如发现水源处水量不足,应迅速停机。

⑧作业结束或长期不用时,电泵应从水中提取,进行放水、排湿、晒干,并全面保养合格后,放置在通风干燥处保存。

5. 潜水电泵常见故障原因及排除方法

(1)通电后电泵不转　故障原因是叶轮被杂物堵塞、轴承损坏卡死、电源线路断路、电动机线圈烧毁。

排除方法:清除叶轮杂物,清洗或更换轴承,检修电动机和连接线路。

(2)污水污物排量减小　故障原因是胶管破裂漏水、吸污管堵塞。

排除方法:更换或疏通胶管。

(3)电流增大　故障原因是传动部位润滑不良,运转受阻;密封件损坏,泵内浸水;频繁停、开电泵。

排除方法:按规定加注润滑油,更换密封件,勿频繁开、停电泵,以免起动电流过大。

6. 电泵配套胶管

(1)胶管的结构和种类　各种输水胶管是农用水泵和污水污物潜水电泵主要配套附件。输水胶管(除纯胶管外)的结构大体都是由内胶层、强力层、外胶层3部分组成。

①内胶层是胶管的主要工作面,直接接触输送介质,长期受介质浸泡、腐蚀、摩擦和冲击。内胶层是根据各种不同介质对橡胶的腐蚀作用来设计的,起着密闭介质、保护强力层的作用。

②强力层通常用纤维材料(棉纤维、人造丝、玻璃纤维)或金属材料(钢丝、钢丝绳)制成,构成胶管的骨架,使胶管具有一定的强度和刚度,以承受来自外部和内部的压力。

③外胶层是胶管的保护层,保护强力层和内胶层在使用时不受损伤和侵蚀。胶管的种类按其结构不同可分为纯胶管、纤维缠绕胶管、夹布胶管、纤维编织胶管。胶管如图6-9所示。

(2)胶管的规格表示法　胶管的名称一般习惯按材料+工艺(结构)+用途+胶管的方法表示,如棉线编织、耐油胶管,钢丝缠绕、耐高压胶管等。但也有专用胶管按用途命名,如排泥胶管、吸粪胶管、喷粉胶管、水箱胶管等。胶管的规格一般以内径、增压层的层数、长度、耐压程度来表示。内径单位为毫米(或英寸),增压层的层数用数字表示,夹布用P、棉线编织用

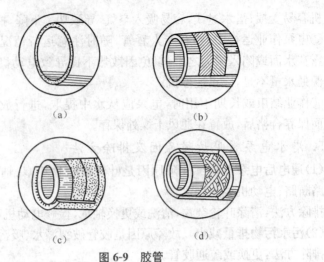

图6-9　胶管

(a)纯胶管　(b)纤维缠绕胶管　(c)夹布胶管　(d)纤维编织胶管

C/B、钢丝编织用 W/B、缠绕用 S 来表示。长度用 m 表示,单位为米。耐压强度用工作压力表示,单位为兆帕(MPa),有时也不注明压力。

[**例6-4**]　夹布输水胶管规格示例如下:

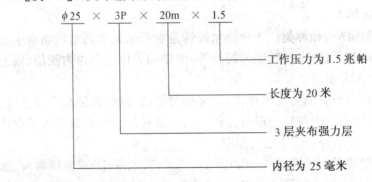

常用胶管规格(内径尺寸)见表6-7,供用户选购时参考。

表6-7　常用胶管规格(内径尺寸)

胶管种类	夹布胶管	排吸胶管	编织胶管	
			金属丝	纤维线
工作压力/兆帕	0.3~1	0.08(600 毫米汞高)	4.4~37	1.5
内径尺寸/毫米	13,16,19,22,25,32,38,45,51,64,76,89,102,127,152	25,32,38,51,64,76,89,102,127,152,203	8,10,13,16,19,25,32	6,8,10

二、手动抽沼渣器具

（1）抓卸器 抓卸器专门用于从沼气池活动盖口捞取浮渣，简单实用，可以自制。抓卸器如图 6-10 所示。

（2）抽粪筒 抽粪筒如图 6-11 所示。它是用直径为 100～120 毫米、长1.5～2 米的硬质聚氯乙烯管、内套一个带有橡胶活门的活塞及其铁拉杆组成，即可用于抽取池内的粪渣液，又可做池内发酵的搅拌器，可以自制，结构简单实用，搬动也方便。

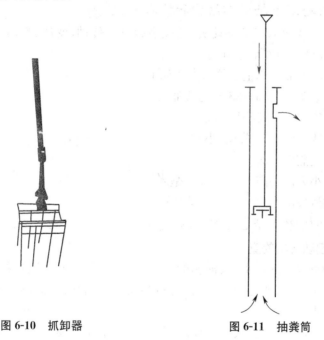

图 6-10　抓卸器　　　　　　　图 6-11　抽粪筒

三、沼渣抽运车

我国已成功研制并批量生产了三轮和四轮沼渣的抽运车。沼渣抽运车适用于大、中、小型沼气池大换料，将池中沼渣抽吸到贮渣罐后，再远距离运送到蔬菜、水果等生产基地，适合养殖专业户和种植专业户抽渣和施肥使用。该车操作使用方便，抽渣节省人力、物力，较人工抽、运渣提高工效 10 倍以上。

1. 三轮沼渣抽运车结构和技术参数

三轮沼渣抽运车由发动机、底盘（包括传动、行走、制动系统）、车身和贮渣罐及抽渣泵等组成。

三轮沼渣抽运车主要技术参数如下：

配套动力　6～12马力柴油机

载货量　0.5～0.8吨

车速　30～40公里/小时

爬坡能力　10°～20°

最小离地间隙　170～190毫米

抽渣泵出水口径　60～150毫米

2. 四轮沼渣抽运车结构和技术参数

四轮沼渣抽运车由发动机、驾驶室、转向、传动、变速、制动、行走系统、车架和贮渣罐、抽渣泵等组成。

四轮沼渣抽运车主要技术参数如下：

配套动力　16～28千瓦柴油机

载货量　0.75～1.5吨

车速　40～50公里/小时

爬坡能力　20°～25°

最小离地间隙　165～200毫米

抽渣泵出水口径　60～150毫米

3. 四轮沼渣抽运车的正确使用

(1)起动前的检查

①检查水箱的存水量、油箱的贮油量，发动机、变速箱、后桥、转向器内的润滑油量，蓄电池是否贮电，各管路接头是否漏油，贮渣罐和吸渣胶管是否有漏水现象。

②检查制动系统，试踩制动踏板，并试拉手制动操纵杆，检查制动效果是否良好。

③检查传动系统连接是否正常可靠。

④检查转向盘的自由转角，游隙是否正常，螺栓是否松动，转动是否灵活。

⑤检查电气照明灯泡、仪表工作是否正常。

⑥检查变速器、操纵部分是否正常，各挡是否正确，换挡是否自如。

⑦检查轮胎气压是否符合标准。

⑧检查风扇V带的松紧度是否正常。

⑨检查风窗玻璃是否清晰透明。

⑩检查随车工具及附件是否携带齐全。

(2)起动发动机

①常规起动。插入钥匙,接通点火开关电源,将钥匙顺时针旋转至起动位置,发动机即可起动。起动后迅速松开加速踏板(油门踏板),保持低速运转,严禁猛踩加速踏板。

②冬季起动。冬季天气寒冷,柴油发动机起动较困难。因此,冷却水宜使用热水,加热水时应打开放水开关,待热水流出、机温上升后,关闭放水开关,再加足水箱的热水,水温一般在40℃～50℃。将机油加热至80℃～90℃,加入油底壳内,或用木炭火烤油底壳,以便起动。发动机起动运转后,不要猛轰节气门,应松开加速踏板,怠速运转5～10分钟,待发动机温度上升到60℃以上、各部件运转平稳及仪表读数正常后,方可起步,切勿在低温下行车,以免加剧发动机磨损。

(3)正确起步　发动机运转正常后,踏下离合器踏板,挂上低速挡,按喇叭鸣示,确认可以安全行车后再缓慢松开离合器踏板,同时适当踏下加速踏板,使车辆徐徐起步。起步后,脚应离开离合器踏板,以免造成离合器摩擦片烧损。离合器踏板放松过快或加速踏板踏下不够,都可能会造成发动机熄火。因此,操作时要相互协调配合好,同时注意使用低速一、二挡起动时不宜过长,以免增加磨损和油耗。

(4)正确运行　在平路上行驶时,应与前面行驶的车辆保持一定的车距,根据任务和道路的具体情况确定车速,一般用每小时40公里车速为宜。载沼渣上坡、行驶于崎岖不平的田间道路或有障碍情况下,应使用一、二挡;下坡行驶不允许将发动机熄火,下陡坡应将变速杆挂入低挡,并间断制动,不使车速过快。车辆行驶不宜过快或过慢,或无故晃动转向盘,更不能蛇状行车。运行中要注意倾听发动机有无不正常响声,经常查看各种仪表读数和灯光是否正常,如有异响或不正常现象时,应立即停车检修。

(5)正确变速　车辆行驶时,应根据道路、交通、地形、地物的变化,相应变换挡位。变速换挡时,左手要握稳转向盘,两眼注视前方,右手掌心微贴在变速操纵杆顶部,用右手腕的力量推或拉操纵杆到需要的挡位。在确保安全行车前提下,转弯、过桥、会车时,可用中速挡行车,在行驶条件较好的情况下,可用高速挡行驶。

(6)正确转弯　车辆转弯时会产生离心力,车速越高离心力越大,严重时会造成车辆横向翻车。因此,在转弯前50～100米应鸣喇叭,打开转向灯,减低车速,靠道路右侧徐徐转弯。转弯时,应根据道路情况均匀转动转向盘,转向轨迹应圆滑过渡,不要太大、太小或猛转、猛回,并应尽量避免转向时制动,特别是紧急制动。转向时,如前轮侧滑,应抬起油门踏板将转向盘向相反方向转动。如后轮侧滑,则应顺侧滑反方向适当转动转向盘,待侧滑停止后,再修正行驶方向。

(7)正确调头　车辆若180°方向调头时,应选择交通流量小的大型路口或平坦宽阔的道路,采用一次顺车调头方式进行,在距离调头地点50~100米处开始降低车速,挂低挡并发出调头信号。当采用顺倒结合的方法调头时,先发出调头信号、降低车速、靠向道路右侧,接近预定调头点时,注意观察道路情况,迅速将转向盘向左打到底,使车辆慢慢地驶向道路左侧,接近路边时,迅速向右回转转向盘,立即停车,观察车后情况后再起步倒车,同时将转向盘向右打足,当车辆接近路边时,再迅速向左回转转向盘,立即停车。如一次不成,可按上述方法反复进行。

(8)正确倒车　换入倒挡或由倒挡换入前进挡,都应将车辆完全停住后才能进行,挂入倒挡后,倒车灯亮,倒车速度不应超过5公里/小时。若车上装有货物(沼渣)、驾驶员难见车后情况时,一定要有人在车下指挥,千万不可盲目倒车。

(9)正确停车　准备停车时,应减速慢行并以转向灯示意,待车停稳后,再拉紧手制动操纵杆。如因某种原因必须在路上停车时,应使车靠近路右边;因车抛锚停在路中间时,应在车前、后100米处各放一个警示牌。车停稳后,不要立即熄火停机,应使发动机继续运转几分钟,待水温降低至70℃以下再停机。

(10)日常维护
①出车前,应检查燃油、机油、冷却水量是否加足,油箱、水箱、贮渣罐是否渗漏,排除油路中的空气。在不同转速下,检查发动机和仪表工作是否正常。检查转向、制动、轮胎、灯光、喇叭、雨刮器的工作状态。检查随车工具及附件是否携带齐全。
②行驶中,应注意各种仪表、发动机及底盘各部分的工作情况,行驶时检查制动器、变速器、轮毂、后桥的温度是否工作正常,检查转向、制动系统和钢板弹簧的紧固情况,检查轮胎气压是否正常,胎面有无铁钉、玻璃、石块嵌入,车轮螺母是否松动。
③每日停驶后,应清洁车身、贮渣罐和底盘各部位,切断电源、加添燃油、润滑油、冷却水,根据需要酌情润滑各润滑点。严冬季节,冷却水若未加防冻液,应放净过夜。清洁蓄电池外部,并检查其安装固定情况,在特别寒冷天气,应将蓄电池取回暖房过夜,要保证车辆五足(水足、燃油足、润滑油足、蓄电池蒸馏水足、轮胎气压足),五不漏(不漏油、不漏水、不漏气、不漏电、不漏沼液)。
④根据气候变化加强换季维护。
换入夏季的维护:清洗发动机冷却系统,除去水垢;换用夏季燃油和润

滑油;清洗蓄电池,调低电解液密度。

　　换入冬季的维护:清洗蓄电池,调高电解液密度;一般电解液密度为 1.25～1.285 克/厘米³,用密度计测量电解液密度如图 6-12 所示;换用冬季燃油和冬季润滑油,加强发动机防寒和轮胎防冻装置。电解液的配制见表 6-8。

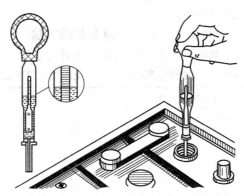

图 6-12　用密度计测量电解液密度

表 6-8　电解液的配制

15℃时电解液密度 /(克/厘米³)	体积之比		质量之比	
	浓硫酸	蒸馏水	浓硫酸	蒸馏水
1.22	1	4.1	1	2.3
1.24	1	3.7	1	2.1
1.26	1	3.2	1	1.9
1.27	1	3.1	1	1.8
1.28	1	2.8	1	1.7
1.29	1	2.7	1	1.6
1.30	1	2.6	1	1.5
1.40	1	1.9	1	1.0

4. 沼渣抽运车常见故障及排除方法

　　(1)抽沼渣泵起动时不转故障　　原因是叶轮被杂物卡住,轴承损坏,泵轴严重弯曲,电缆线断路或线圈烧坏。

　　排除方法:拆开泵壳清除杂物,校正泵轴,更换轴承,检查或更换电缆线和烧坏的线圈。

　　(2)抽沼渣泵出渣突然中断故障　　原因是进渣口被杂物堵塞,进渣胶管被吸扁,叶轮被打坏或从泵轴上松脱,沼气池水位急降。

　　排除方法:清除堵塞物,改用钢丝编织吸粪胶管,更换或紧固叶轮,抽渣时有专人看管,沼气池水位下降应停机。

(3)抽沼渣泵体发热故障　原因是轴承损坏、泵轴弯曲、缺润滑油或润滑油质不好,叶轮失去平衡,增大轴向推力。

排除方法:更换轴承或校正泵轴,并按规定加注润滑油,清除叶轮平衡孔的堵塞物,使叶轮平衡运行。

(4)沼渣抽运车柴油发动机常见故障及排除方法　沼渣抽运车常见故障多在柴油发动机。柴油发动机常见故障及排除方法见表6-9。

表6-9　沼渣抽运车柴油发动机常见故障及排除方法

1. 柴油机不能起动或起动困难

故　障　原　因	排　除　方　法
起动系统故障: ①电气线路未接通; ②蓄电池电量不足或接头松弛; ③起动电机炭刷与整流子接触不良; ④起动电机齿轮不能嵌入飞轮齿圈	①检查,接通线路; ②充电,拧紧接头,必要时修复接线柱; ③修理或更换炭刷; ④将曲轴稍旋一个角度,正确调整单向接合器齿轮与飞轮齿圈的啮合,并消除起动电机与齿圈轴线不平行现象
燃油系统故障: ①油箱开关未开或油箱贮油不足; ②燃油系统中有空气,油中有水,接头处漏油; ③油路堵塞; ④输油泵不供油; ⑤喷油器喷油不良; ⑥喷油泵柱塞偶件磨损,出油阀漏油; ⑦供油提前角不对	①打开油箱开关,并检查油箱存油,如不足应添加; ②排除空气,找出漏气处并排除。排除油中的水或另换柴油,拧紧接头; ③清洗油管及柴油滤清器,或换滤清器滤芯; ④检查输油泵进油管是否漏气,检修输油泵; ⑤换用调整正确的喷油器; ⑥研磨修复或更换零件; ⑦按规定调整
气缸压缩力不足: ①气门间隙过小; ②气门漏气; ③气缸盖衬垫处漏气; ④活塞环磨损、胶结,开口位置重叠; ⑤活塞、缸套磨损严重	①按规定进行调整; ②研磨气门; ③更换气缸盖衬垫,按规定扭矩拧紧气缸盖螺母; ④更换,清洗,调整; ⑤检查,如磨损过度应更换
机油黏度太大或温度太低	可在水箱中加热水,预热起动,并使用符合规定牌号的机油

续表 6-9

2. 柴油机转速不稳定

故　障　原　因	排　除　方　法
①柴油质量不好或油中有水；	①选用符合规定的柴油，并定期放出油箱中沉淀的水分；
②燃油系统内有空气或油箱盖通气孔堵塞；	②排除燃油系统中的空气，用铁丝穿通油箱盖的通气孔；
③高压油管有裂纹或油管接头螺帽没有拧紧而漏油；	③更换油管，拧紧螺帽；
④个别缸喷油器针阀卡死；	④检查喷油器，必要时更换；
⑤喷油泵出油阀密封不良或损坏；	⑤研磨修复或更换；
⑥喷油泵油量调节拉杆不灵；	⑥调整或修理；
⑦调整弹簧失灵	⑦更换

3. 柴油机功率不足

故　障　原　因	排　除　方　法
①油箱开关未开足；	①开足开关；
②空气滤清器及柴油滤清器堵塞（排黑烟）；	②清洗或更换滤芯；
③进、排气门间隙调整不对；	③调整气门间隙；
④气缸压缩力不足；	④检查原因并排除；
⑤喷油器工作不良；	⑤检查、调整或更换；
⑥供油提前角不对；	⑥检查、调整供油提前角；
⑦喷油泵、喷油器柱塞偶件磨损或喷油压力不对；	⑦研磨或更换偶件，调整喷油压力；
⑧柱塞弹簧折断；	⑧更换弹簧；
⑨消声器堵塞；	⑨清除消声器积炭；
⑩燃油系统有空气	⑩排除空气

4. 机油压力过低

故　障　原　因	排　除　方　法
①机油油面过低；	①加足机油；
②油管破裂，油管接头未拧紧而漏油；	②焊修，拧紧；
③机油滤清器滤芯堵塞；	③清洁滤芯或更换滤芯；
④机油泵严重磨损；	④修理或更换；
⑤机油泵调压弹簧弹力不足或折断；	⑤更换弹簧；
⑥各轴承配合间隙过大；	⑥检查、调整或更换；
⑦油道螺塞松动而漏油；	⑦检查并紧固；
⑧机油太稀；	⑧检查或更换机油；
⑨机油压力表失灵	⑨检修

续表 6-9

5. 机油压力过高

故 障 原 因	排 除 方 法
①机油黏度过高；	①根据不同季节选用合适的机油；
②机油泵限压阀弹簧调整过紧；	②重新调整；
③主油道堵塞；	③清洗主油道

6. 机油消耗量太大

故 障 原 因	排 除 方 法
①润滑管路接头漏油或油道油封漏油；	①拧紧管路接头，更换油封，检查并清除漏油处；
②缸套、活塞、活塞环严重磨损，机油窜入气缸内燃烧；	②修理或更换；
③活塞环开口分布不符合规定（开口对开口）；	③按规定重装活塞环；
④活塞环上油环与环槽咬合，或油环油孔被积炭阻塞；	④拆下清洗，清除积炭或更换油环；
⑤使用不适当的机油	⑤改用符合规定的机油

7. 润滑油面升高

故 障 原 因	排 除 方 法
①缸盖、机体、缸垫密封不良，冷却水流入曲轴箱；	①按规定扭矩拧紧缸盖螺母，缸垫损坏应更换；
②多缸柴油机有的缸喷油不燃烧，燃油沿缸壁流回油底壳；	②检查并修理喷油器；
③缸套防水圈漏水	③更换防水圈

8. 排气冒烟

故 障 原 因	排 除 方 法
黑烟：	
①发动机负荷过大；	①减少负荷后，如烟色好转，说明是负荷过大，应减小负荷；如烟色仍黑，应进行检查并排除；
②气门间隙不对；	②按规定进行调整；
③气门密封不良；	③研磨气门；
④供油时间太迟；	④按规定调整；
⑤燃烧室积炭严重；	⑤检查并清除积炭；
⑥喷油器雾化不良；	⑥调整或更换；
⑦活塞、活塞环、气缸套严重磨损；	⑦修理或更换；
⑧进气管、空气滤清器太脏，进气不畅	⑧清洗或更换滤芯

续表 6-9

故　障　原　因	排　除　方　法
白烟： ①柴油机未预热即加负荷； ②柴油中含水； ③缸盖、缸垫、缸套之间渗水； ④喷油压力太低，雾化不良，有滴油现象	①预热后工作； ②排除燃油系统水分； ③修理或更换损坏零部件； ④检查、调整、修复或更换喷油嘴偶件
蓝烟： ①机油油面过高； ②活塞环积炭卡孔或磨损过大； ③活塞环与缸套未磨合好； ④锥面气环上下方向装反； ⑤活塞、缸套磨损严重	①放出多余的机油； ②清除积炭或更换； ③减少负荷，增加磨合时间； ④按规定安装； ⑤检查并更换损坏的零件

9. 柴油机运转时有不正常声响

故　障　原　因	排　除　方　法
①供油提前角过大，气缸内有节奏的金属敲击声； ②喷油嘴滴油和针阀咬住，造成突然发出"嗒、嗒、嗒"的声音； ③气门间隙过大，有清晰、有节奏的敲击声； ④活塞碰气门，有沉重而均匀的有节奏的敲击声； ⑤活塞碰气缸盖底部，可听到沉重有力的敲击声； ⑥气门弹簧断、气门推杆弯曲、气门挺柱磨损，使气门机构发出轻微敲击声； ⑦活塞与气缸套间隙过大的声响，随柴油机走热后减轻； ⑧连杆轴承间隙过大，转速突然降低可听到沉重有力的撞击声； ⑨连杆衬套与活塞销间隙过大，声音轻微而尖锐，在急速时尤为清晰； ⑩曲轴止推片磨损，轴向间隙过大时，在急速可听到曲轴前后游动碰击声	①调整供油提前角； ②清洗、修复或更换针阀偶件； ③调整气门间隙； ④适当加大气门间隙，修正连杆轴承的间隙或更换连杆衬套； ⑤更换气缸盖衬垫； ⑥更换弹簧、推杆或挺柱等，并调整气门间隙； ⑦视磨损情况更换气缸套或活塞； ⑧更换连杆轴瓦； ⑨更换连杆衬套； ⑩更换曲轴止推片

续表 6-9

10. 柴油机过热

故　障　原　因	排　除　方　法
①冷却水量不足;	①添加冷却水;
②水泵流量不足;	②检查叶轮,必要时更换;
③水泵叶轮损坏或断裂;	③检查、更换叶轮;
④风扇 V 带打滑;	④调整 V 带紧度或更换 V 带;
⑤冷却系统管路堵塞或水套内水垢过多;	⑤清洗冷却系统及水套;
⑥节温器失灵;	⑥检查节温器工作情况;
⑦气缸盖衬垫破损,燃气进入水道;	⑦更换气缸盖衬垫;
⑧柴油机负荷过重	⑧减小负荷

11. 发动机运转中自行熄火

故　障　原　因	排　除　方　法
①燃油箱内无油;	①添加燃油;
②燃油系统中进入大量空气;	②检查并排除空气;
③输油泵不供油;	③检修输油泵;
④柴油滤清器堵塞;	④清洗柴油滤清器;
⑤油管破裂;	⑤修理或更换;
⑥喷油嘴针阀咬死,弹簧折断;	⑥更换损坏的零件;
⑦喷油泵出油阀卡孔,柱塞弹簧折断,调速器滑动盘轴套卡住;	⑦检修或更换有关零件;
⑧活塞"咬"缸,轴颈被轴瓦"咬"死	⑧调整配合间隙,修理或更换损坏零件

12. 其他(如发现下列情况时应立即停车检修)

故　障　原　因	排　除　方　法
①转速忽高忽低;	①检查调速系统是否工作正常灵活,输油管中有无空气,根据具体原因予以排除;
②突然发出不正常响声;	②仔细检查每一个运动零部件及紧固件,并进行处理;
③突然排黑烟;	③检查燃油系统,重点检查喷油器,并适当处理;
④机油压力突然下降	④检查润滑系统,认真检查机油滤清器及润滑油道是否堵塞,机油泵工作是否正常

第四节　其他沼气配套器械使用与维修

一、诱虫沼气灯

(1)诱虫沼气灯的作用　沼气灯光的波长在 300～1000 纳米,许多害虫对这个波长的紫外线具有最大的趋向性,可以在夏、秋季节各种害虫发生的高峰期,利用沼气灯光引诱害虫蛾,达到捕杀害虫蛾的目的。

(2)诱虫沼气灯的正确使用　使用时,可将 DY-1 型低压沼气吊灯安装在距地面或水面80～90厘米的高度最佳,虫蛾见沼气灯光而飞至,使其接近地面或掉入水里,即成为鸡、鸭、鱼的食物。装灯时,可在沼气输气管中加少许清水,可使沼气灯产生忽闪现象,亦可增加诱虫效果。诱虫时间以在天黑到夜间 12 时为好。沼气灯与沼气池相距在 30 米以内,可选用直径 10 毫米的塑料管做沼气输送管,超过 30 米时,应适当增大输送管的管径。

二、手动沼液喷雾器

(1)手动喷雾器的用途　手动喷雾器操作简便,价格低廉,是农民常用于喷洒杀虫农药和作物叶面施肥的器械,还可用于清洁环境及禽畜舍的卫生防疫。

(2)手动喷雾器的结构　YQ-16 型塑料喷雾器主要由药液桶、摇杆、双管主体、橡胶碗、喷杆、喷头、胶管,开关等件组成。YQ-16 型塑料喷雾器结构如图 6-13 所示。

YQ-16 型塑料喷雾器技术参数如下:

药液桶容量　16 千克
活塞行程　30～50 毫米
正常工作压力　0.2～0.3 兆帕
最大承受压力　0.8 兆帕

(3)手动喷雾器的安装　打开摇杆套,取出摇杆,检查各连接部位是否有松动,有则需拧紧,垫上垫片,接上喷杆和喷头,拧开加水盖,然后拧紧各接头部位,放好过滤网,倒入沼液或农药兑水搅拌均匀,盖紧加水盖。

(4)手动喷雾器的正确使用　双肩背负喷雾器进入作业区时,左手紧握喷雾器摇杆上下往复运行,当药液桶内达到一定压力时,打开药液开关,此时,按一定比例配制的药液或沼液就会从喷头喷出,右手紧握喷杆向前方左右摆动,边走边向前摆动喷洒,沼液就喷到蔬菜叶面或药液喷洒到有虫害的作物叶、茎、根部位上,杀灭害虫。使用时,应注意以下几点:

①使用前,先用清水检查喷头雾化是否正常,药液桶、开关是否漏液,橡胶碗是否破损,确认各部件处于正常状态时,方可使用。否则,应检修。

②施药操作人员应戴上口罩、防护镜,穿上工作服,戴好手套,才能投入作业。

③喷施药物时,严禁吸烟、吃东西;人应站在风向上方,不要逆风操作,

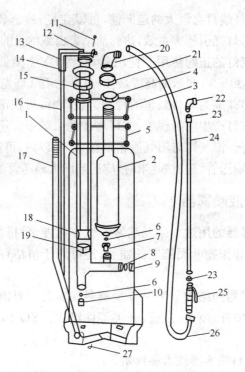

图 6-13　YQ-16 型塑料喷雾器结构

1. 双管主体　2. 气室　3. 压板　4. 大六角　5. 方垫　6. 玻璃球　7. 密封阀
8. 阀圈　9. 堵头六角架　10. 球阀　11. 开口梢　12. 塞杆帽　13. 喷杆夹
14. 唧筒杆　15. 六角螺母　16. 连杆　17. 摇杆　18. 胶碗　19. 塞杆六角
20. 弯头　21. 弯头压紧帽　22. 单喷头　23. 垫片
24. 喷杆　25. 开关　26. 胶管组件　27. 摇杆卡

药液不能溅到手、脸及身体其他部位,以防中毒。

　　④作业中,如操作人员出现头痛头昏、恶心吐呕等症状,应立即停止作业,尽快求医治疗。

　　⑤喷施沼液叶面施肥时,需使用专用喷雾器,杀虫药用喷雾器不能用于叶面施肥;沼液应用纱布过滤,按要求按比例兑水喷施,以免堵塞喷头。

　　(5)手动喷雾器的维护保养

　　①作业前,检查各密封连接口、螺母是否锁紧,以保证不漏液;橡胶碗上下行程压力不足,药液桶漏液等故障,应进行维修。

　　②作业中,如出现喷头时喷时不喷,喷头堵塞故障,应停止作业,进行修复。

　　③作业后,应将器械外表擦洗干净,用清水倒入桶内,反复喷射数分钟,以清洗喷头和药液桶等部位的药液,以防腐蚀,并将药液桶倒置放在干燥荫

凉处存放。当工作 50 小时后,在药液桶顶部羊毛垫处加少许润滑油,以减少运动摩擦力。

④长期不用时,器械应进行全面保养,并放置在通风干燥处保存。

(6)手动喷雾器常见故障及排除方法　手动喷雾器常见故障及排除方法见表 6-10。

表 6-10　手动喷雾器常见故障及排除方法

故障现象	排 除 方 法
摇杆上下扳动太重	1. 检查喷头是否堵塞、清洗喷头片; 2. 在橡胶碗及羊毛垫上加润滑油,以减少摩擦力
工作时感觉压力下降或无压力时	1. 检查橡胶碗是否磨损、如磨损更换橡胶碗加注润滑油; 2. 检查玻璃球是否掉落或玻璃球表面有杂物,清洗玻璃球,按原位放回; 3. 出水帽与内气室管是否松动,重新拧紧或更换垫片
摇动摇杆只喷一次水	因气室漏气造成储气室水满,或内插吸水管脱落,拧开出水帽,重新用胶水粘上吸水管拧紧出水帽

三、沼气池挖掘机

(1)挖掘机的用途　挖掘机是开池挖土的高效机械,使用工效高、速度快。据统计,1 台斗容量 1 米^3 的单斗挖掘机,每班生产效率相当于 300～400 个工人 1 天的工作量,因此,江西等不少地区沼气池土方开挖,基本上实现了机械(挖掘机)开挖替代人工开挖,加快了建池速度。

(2)挖掘机的分类

①按行走装置不同可分为履带式和轮胎式。履带式稳定性好,应用较广。

②按传动方式不同可分为机械式和液压式。液压式操作灵活,生产率高。

③按工作装置不同可分为反铲、正铲和抓铲。反铲式工作灵活,使用较多。

(3)挖掘机型号编制方法　挖掘机的型号编制见表 6-11。

[例 6-5]　挖掘机的型号示例:

WY32——整机质量为 32 吨的液压单斗挖掘机。

但有些机型的主参数仍沿用斗容量,单位为米^3,如 WY60A、WY80 分别表示斗容量为 0.6 米^3、0.8 米^3 的液压单斗挖掘机。

表6-11　挖掘机的型号编制

组	型	特性	代号和含义	主参数代号		
				名称	单位	表示法
单斗挖掘机（W）	履带式	— D(电) Y(液) B(臂) S(隧)	机械单斗挖掘机（W） 电动单斗挖掘机（WD） 液压单斗挖掘机（WY） 长臂单斗挖掘机（WB） 隧洞单斗挖掘机（WS）	整机质量	吨(t)	主参数
	轮胎式（L）	— D(电) Y(液)	轮胎式机械单斗挖掘机（WL） 轮胎式电动单斗挖掘机（WLD） 轮胎式液压单斗挖掘机（WLY）	整机质量	吨(t)	主参数

　　(4)挖掘机的结构　挖掘机主要由铲斗、斗杆、液压缸、动臂、发动机、转台、驱动轮组成。液压单斗挖掘机如图6-14所示。

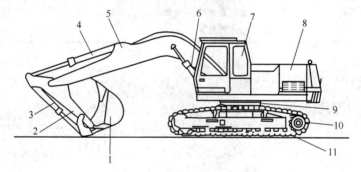

图6-14　液压单斗挖掘机

1.铲斗　2.斗杆　3.铲斗液压缸　4.斗杆液压缸　5.动臂　6.动臂液压缸
7.驾驶室　8.发动机　9.转台　10.驱动轮　11.履带行走机构

(5)挖掘机的技术参数

①广西玉林玉柴工程机械有限责任公司生产的WY1.3型单斗液压挖掘机技术参数：

发动机功率　13.5千瓦

斗容量　0.04～0.08米³

行走速度　2千米/小时

爬坡能力　58%(30°)

整机质量　1.3吨

最大挖掘深度　2040毫米

最大挖掘高度　2930毫米

最大挖掘半径　3480 毫米

最大卸载高度　2020 毫米

最大挖掘力　10.5 千牛

最小回转半径　480 毫米

②江苏宜兴市昌达机械修造厂生产的 WYL3.5 型液压单斗挖掘机技术参数：

发动机功率　26.5 千瓦

斗容量　0.3～0.4 米^3

旋转角度　360 度

爬坡能力　35%

最大挖掘深度　2200 毫米

最大挖掘高度　4900 毫米

最大挖掘半径　4980 毫米

最大卸载高度　3800 毫米

外形尺寸(长×宽×高)　5500 毫米×2200 毫米×3400 毫米。

(6)挖掘机的正确使用

①挖掘机手应了解挖掘机进入施工现场的路线有无障碍物,掌握作业区的地层土质和岩层及地形地貌等情况。

②确定好工作面和推移路线,保证挖掘机的稳定作业效率,按沼气池面放线尺寸施挖,不能出现超挖和欠挖。

③做好作业区内的排水降水工作,地下水位应降至设计标高以下 0.5～1 米。

④挖掘机起动前,应检查、调整其各部位的间隙,紧固其各部位的固定螺栓。起动后,应提升动臂试作 1～2 次作业循环动作,确认挖掘机工作状况正常后,方可投入作业。

⑤选择平整、坚实的场地作停机面,同时要考虑土从沼气池坑内挖出后,装上自卸车辆的停车位置和行驶路线,应留部分余土作为回填土用。

⑥根据土质情况,每次挖掘都应尽量满斗,铲斗出土以后,才能进行回转动作,回转时禁止用反向逆转方式使其停止转动。

⑦铲斗向自卸车上装土时,必须定位后再卸土,铲斗距车厢的卸土高度应调至 0.5～1 米。

⑧铲斗切土时,应用铲斗或斗杆挖掘方式缓慢切入,禁止将铲斗从高处猛砸入池坑土中。

⑨当土粘在斗壁上卸不下时,可将铲斗液压缸快速伸缩,转动铲斗将土

卸下来,不能用提臂再降臂的突然制动方法卸土。

⑩作业中,液压油温度为30℃～80℃。若温度升高到80℃时,应停机作业10分钟,待油温降下来再进行作业。

⑪作业完毕,要选择平整坚实的地面停机,并将动臂、斗杆、铲斗液压缸全部收回,铲斗置于地面。轮式挖掘机应在轮胎处塞垫三角木块,以防滑行。要按发动机停机的要求熄火,再断开搭铁开关,关好门窗。冬季未加防冻液的发动机,勿忘放净冷却水。

(7)挖掘机安全操作规程

①挖掘机操作者应经过岗位培训,熟练掌握机械构造、工作原理、维护保养要求,并取得培训合格证书后,方准上机操作。

②挖掘机停放的地面必须平整、坚实,具有足够的承载能力,作业前,应将行走机构制动牢固。

③挖掘机在斜坡或超高位置作业时,要预先做好安全防护工作,防止挖掘机下滑、倾翻事故的发生。

④挖掘沼气池基坑或沟槽及河道时,应根据开挖深度、坡度和土质情况来确定停机地点,防止因边坡坍塌而造成事故。

⑤铲斗未离开挖土层时不准回转,不准用铲斗去破冻土层、石块和做回转去拨动重物。操作者离开驾驶室,不论时间长短,铲斗必须放在地面上,严禁悬空停放。

⑥作业时,禁止调整、润滑、保养。如要检修,应先落下动臂,发动机熄火后才能进行。作业时,工作装置回转范围内不准有人通过或停留,在任何情况下,铲斗内不准坐人。

⑦在作业或空载行驶时,机体距架空输电线必须保持一定的安全距离,如遇有大风、雷雨、大雾等恶劣天气时,不准在高压线下作业。在埋有地下管线附近作业要保持1米以上距离。

(8)挖掘机的维护保养　挖掘机必须按章保养。保养一般分日常(班次)保养和周期保养。周期保养又分一级、二级、三级技术保养,分别以100工作小时、500工作小时、1000工作小时划分。各级保养内容,对机器的燃油、润滑油、空气、水和机件的使用要求,生产厂家在"使用说明书"中都有具体规定。为延长机器的使用寿命和确保机械安全生产,挖掘机操作手必须按说明书规定,对挖掘机进行定期维护保养。

挖掘机柴油发动机故障排除参阅本书第六章第三节表6-9。

附 录

附录 1 户用沼气池标准图集 (GB/T 4750—2002)

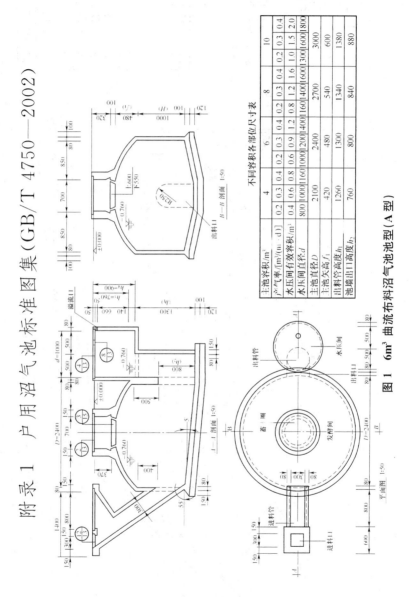

不同容积各部位尺寸表

主池容积/m³	4				6				8				10			
产气率/[m³/(m³·d)]	0.2	0.3	0.4		0.2	0.3	0.4		0.2	0.3	0.4		0.2	0.3	0.4	
水压间有效容积/m³	0.4	0.6	0.8		0.6	0.9	1.2		0.8	1.2	1.6		1.0	1.5	2.0	
水压间直径/cm d	800	1000	1160		1000	1200	1400		1160	1400	1600		1300	1600	1800	
主池直径D	2100				2400				2700				3000			
主池高度 f₁	420				480				540				600			
出料管高度 h₁	1260				1300				1340				1380			
池端出口高度 h₂	760				800				840				880			

图 1 6m³ 曲流布料沼气池型 (A 型)

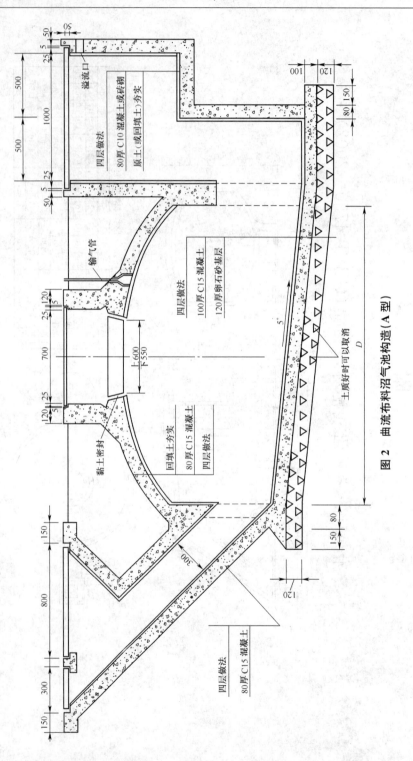

图 2　曲流布料沼气池构造（A 型）

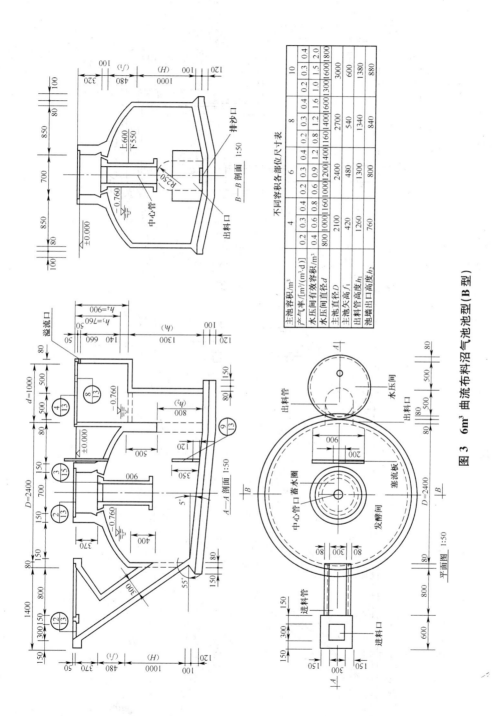

不同容积各部位尺寸表

主池容积/m³	4		6		8		10	
产气率/[m³/(m³·d)]	0.2	0.3	0.3	0.4	0.3	0.4	0.3	0.4
水压间有效容积/m³	0.4	0.6	0.8	1.2	1.2	1.6	1.5	2.0
水压间直径 d	800	1000	1160	1200	1400	1600	1600	1800
主池直径 D	2100		2400		2700		3000	
主池矢高 f_1	420		480		540		600	
出料管高度 h_1	1260		1300		1340		1380	
池墙出口高度 h_2	760		800		840		880	

图 3 6m³ 曲流布料沼气池池型(B型)

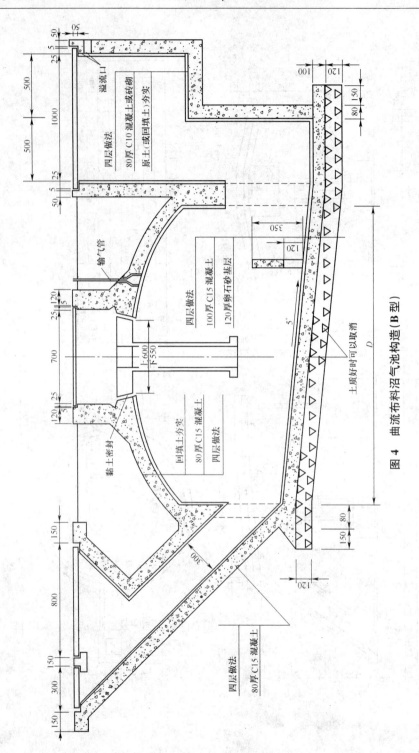

图 4　曲流布料沼气池构造（B 型）

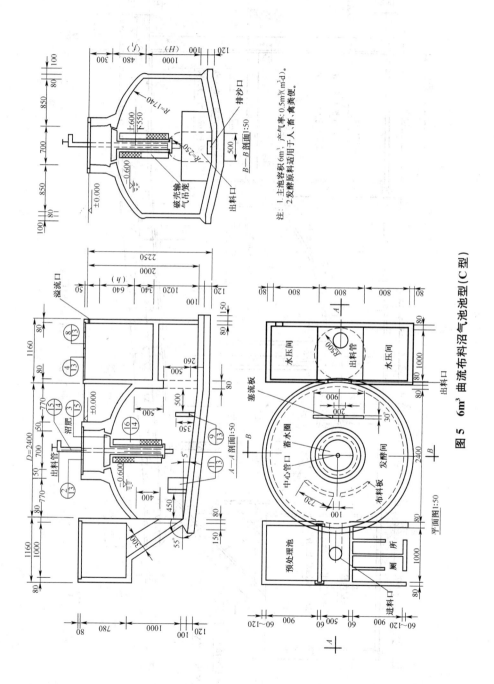

图5　6m³ 曲流布料沼气池池型(C 型)

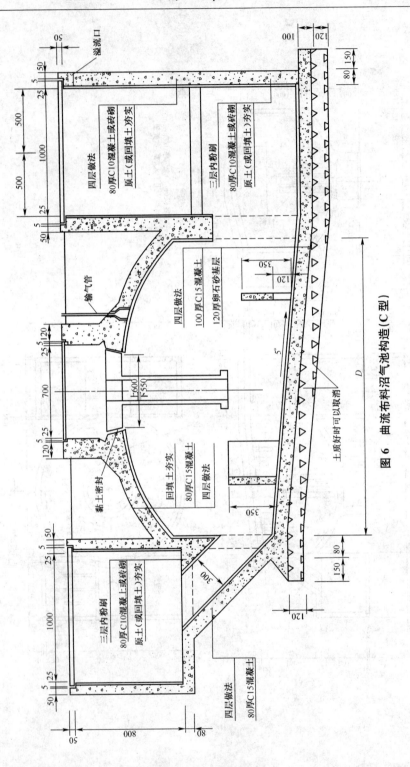

图 6　曲流布料沼气池构造（C 型）

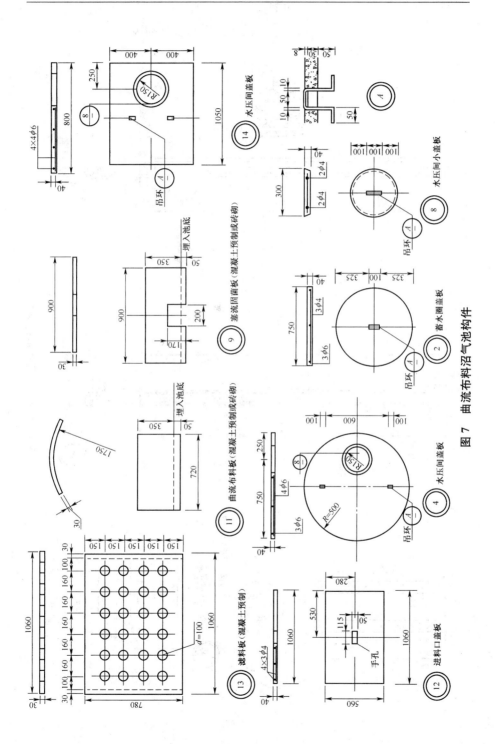

图 7　曲流布料沼气池构件

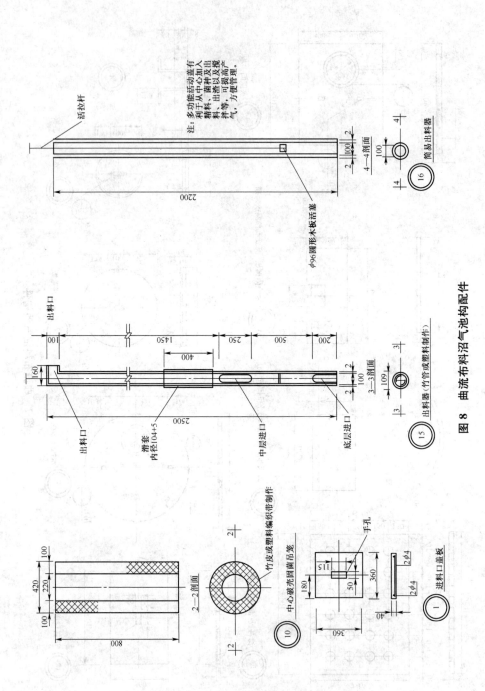

注:多功能活动盖具有利于从中心加入粪料、菌种及出料,出渣以提高产气,方便管理。

图 8　曲流布料沼气池构配件

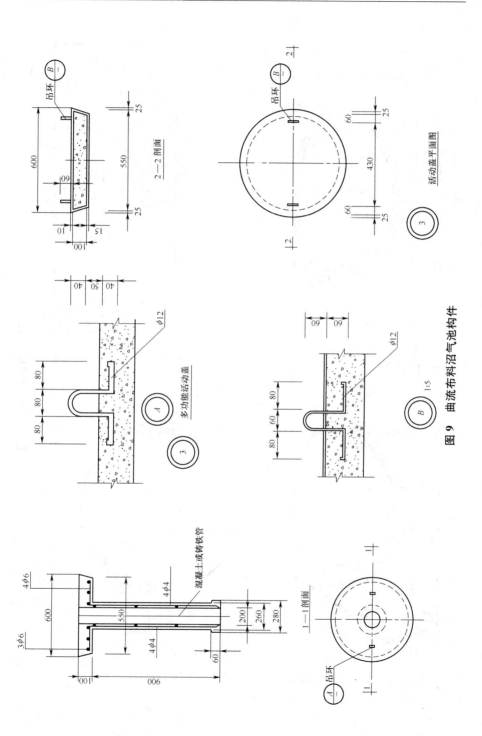

图9 曲流布料沼气池构件

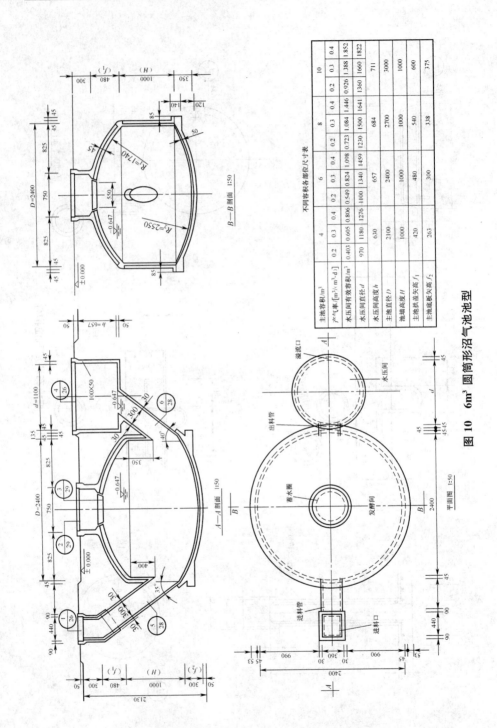

不同容积各部位尺寸表

主池容积/m³	4				6				8				10			
产气率/[m³/m³·d]	0.2	0.3		0.4		0.2		0.4		0.2		0.4		0.3		0.4
水压间有效容积/m³	0.403	0.605	0.806	0.549	0.824	1.098	0.723	1.084	1.446	0.926	1.388	1.852
水压间直径d	970	1180	1276	1100	1340	1459	1230	1500	1641	1360	1660	1822
水压间高度h	630		657		684		711	
主池直径D	2100		2400		2700		3000	
池墙高度H	1000		1000		1000		1000	
主池拱盖矢高f₁	420		480		540		600	
主池底板矢高f₂	263		300		338		375	

图 10　6m³ 圆筒形沼气池池型

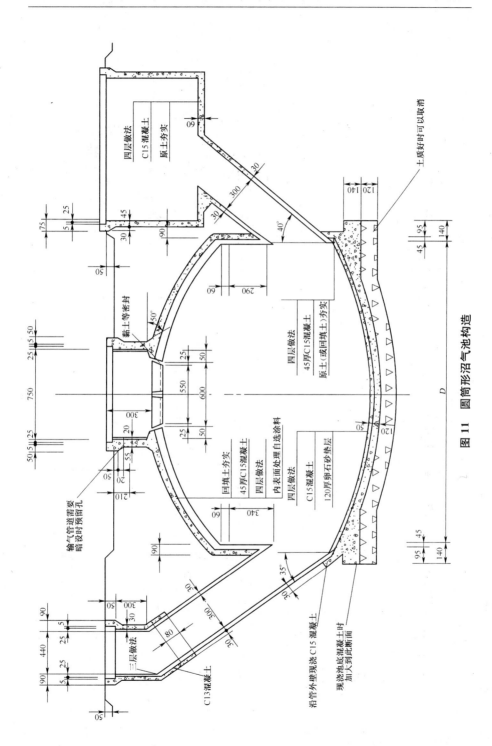

图11　圆筒形沼气池构造

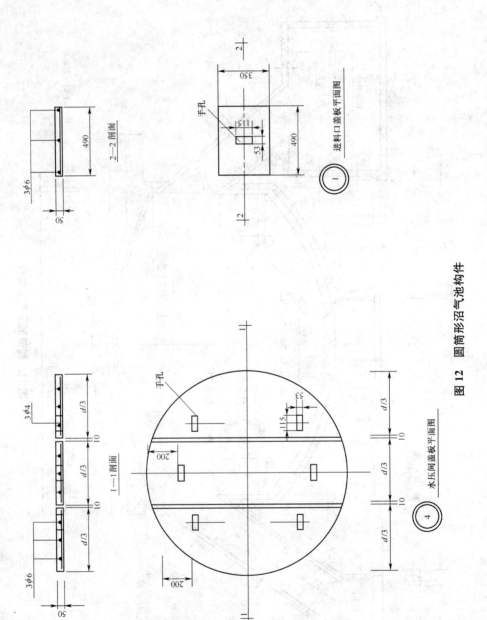

图 12 圆筒形沼气池构件

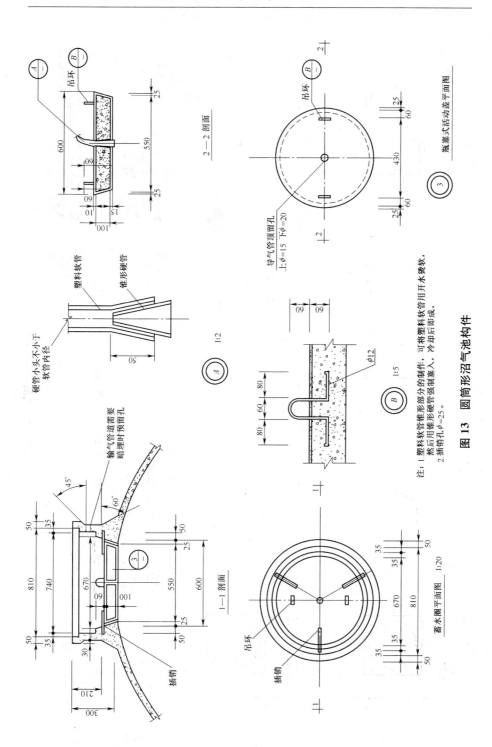

图 13 圆筒形沼气池构件

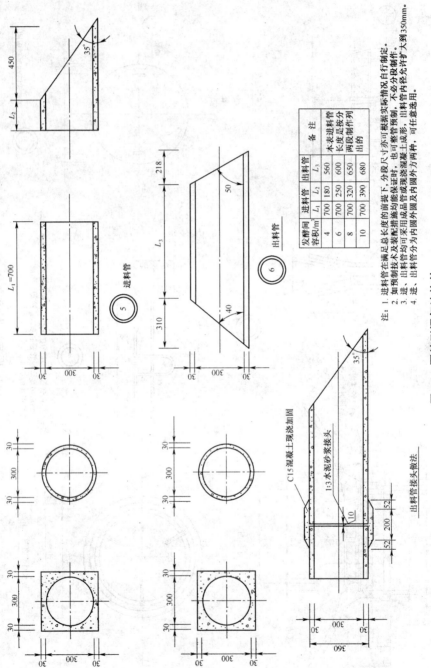

注：1. 进料管在满足总长度的前提下，分段尺寸亦可根据实际情况自行制定。
　　2. 加预制技术及安装配筋措施均能保证时，也可整管预制，不必分段制作。
　　3. 进、出料管均可采用成品管或现浇混凝土成形。
　　4. 进、出料管分为内圆外圆及内圆外方两种，可任意选用。

表中进料管长度是按分两段制作的出的。出料管内径允许扩大到350mm。

发酵间容积/m³	进料管		出料管	备注
	L_1	L_2	L_3	
4	700	180	560	
6	700	250	600	
8	700	320	650	
10	700	390	680	

图 14　圆筒形沼气池构件

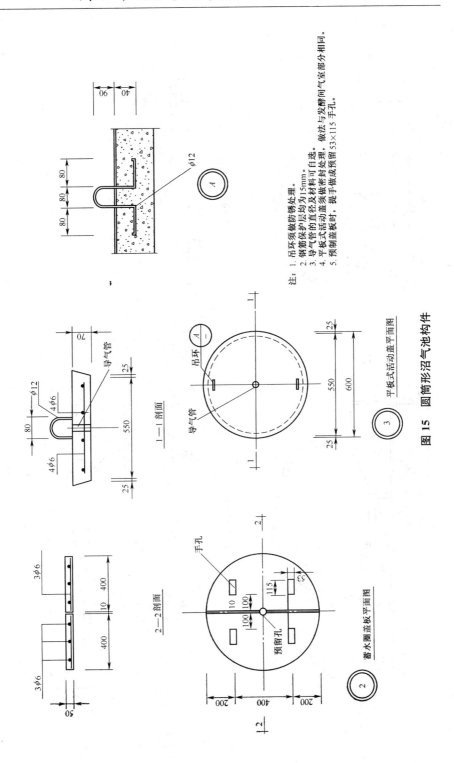

注：1. 吊环须做防锈处理。
　　2. 钢筋保护层均为15mm。
　　3. 导气管的直径及活动盖须做密封处理。做法与发酵间气室部分相同。
　　4. 平板式活动盖板时，提手做成预留53×115手孔。
　　5. 预制盖板时，提手做成预留53×115手孔。

1—1剖面

平板式活动盖平面图

2—2剖面

蓄水圈盖板平面图

图15　圆筒形沼气池构件

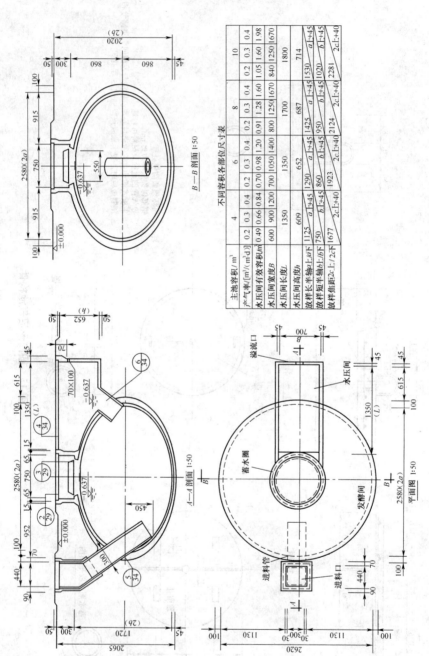

不同容积各部位尺寸表

主池容积/m³	4			6			8			10		
产气率[m³/(m³·d)]	0.2	0.3	0.4	0.2	0.3	0.4	0.2	0.3	0.4	0.2	0.3	0.4
水压间有效容积/m³	0.49	0.66	0.84	0.70	0.98	1.20	0.91	1.28	1.60	1.05	1.60	1.98
水压间宽度B	600	900	1200	700	1050	1400	800	1250	1670	840	1250	1670
水压间长度L	1350			1350			1700			1800		
水压间高度H	609			652			687			714		
放样长半轴$L/a_下$	1125		$a_上$:+45 $a_下$:+45	1290		$a_上$:+45 $a_下$:+45	1425		$a_上$:+45 $a_下$:+45	1530		$a_上$:+45 $a_下$:+45
放样短半轴$t_1/b_下$	750		$b_上$:+45 $b_下$:+45	860		$b_上$:+45 $b_下$:+45	950		$b_上$:+45 $b_下$:+45	1020		$b_上$:+45 $b_下$:+45
放样焦距$2c_1/2c_下$	1677		$2c_上$:+40 $2c_下$:+40	1923		$2c_上$:+40 $2c_下$:+40	2124		$2c_上$:+40 $2c_下$:+40	2281		$2c_上$:+40 $2c_下$:+40

图16　6m³现浇混凝土椭球形沼气池池型

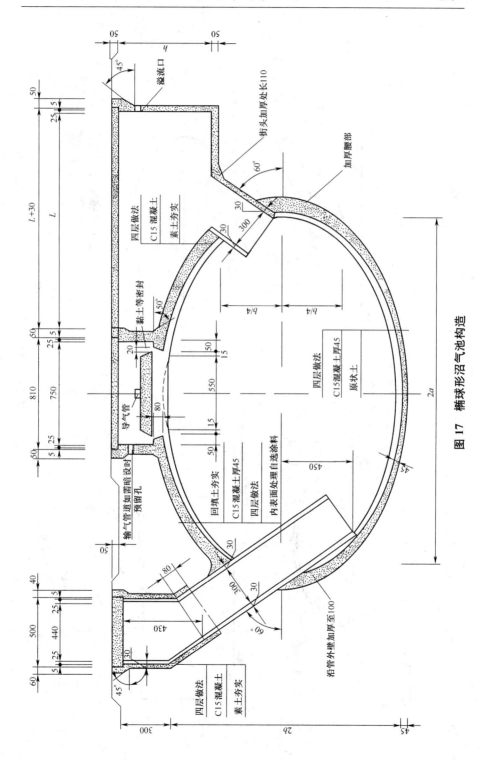

图 17 椭球形沼气池构造

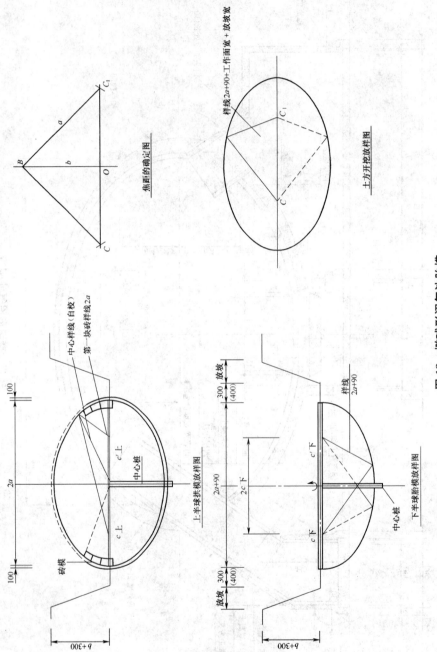

图 18　椭球形沼气池胎模

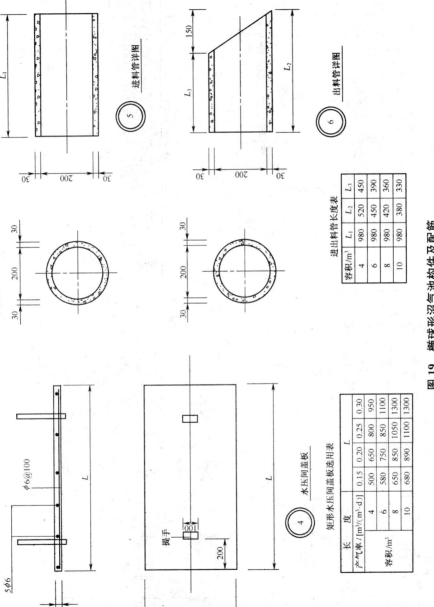

进料管长度表

容积/m³	L_1	L_2	L_3
4	980	520	450
6	980	450	390
8	980	420	360
10	980	380	330

矩形水压间盖板选用表

产气率/[m³/(m³·d)]	容积/m³	长　　度　　L			
		0.15	0.20	0.25	0.30
	4	500	650	800	950
	6	580	750	850	1100
	8	650	850	1050	1300
	10	680	890	1100	1300

图 19　椭球形沼气池构件及配筋

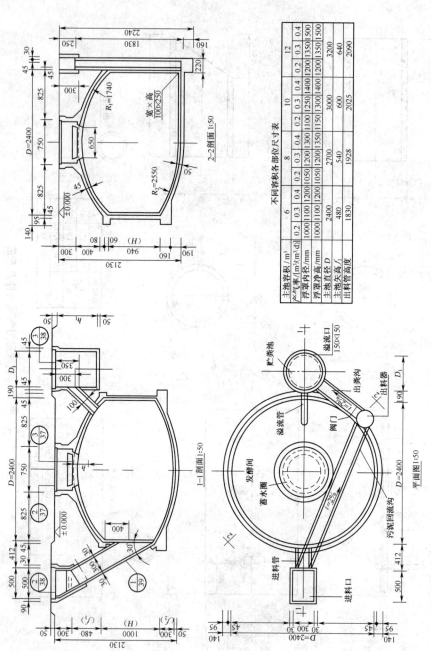

不同容积各部位尺寸表

主池容积 [m³]	6		8		10		12	
产气率 [m³/(m³·d)]	0.2	0.3 0.4	0.2	0.3 0.4	0.2	0.3 0.4	0.2	0.3 0.4
浮罩内径/mm	1000	1100 1200	1050	1200 1300	1100	1250 1400	1200	1350 1500
浮罩净高/mm	1000	1100 1200	1050	1200 1350	1150	1300 1400	1200	1350 1500
主池直径 D	2400		2700		3000		3200	
主池矢高 f	480		540		600		640	
出料管高度	1830		1928		2025		2090	

图 20　6m³ 分离贮气浮罩沼气池池型

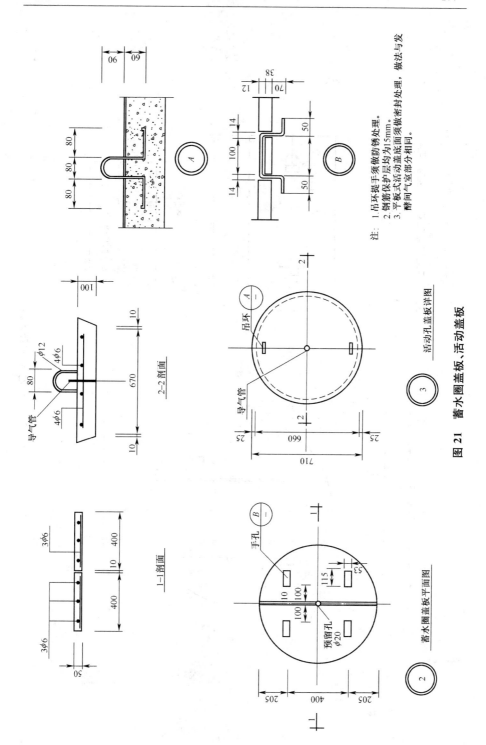

注：1. 吊环提手须做防锈处理。
　　2. 钢筋保护层均为15mm。
　　3. 平板式活动盖面须做密封处理，做法与发酵间气室部分相同。

图 21　蓄水圈盖板、活动盖板

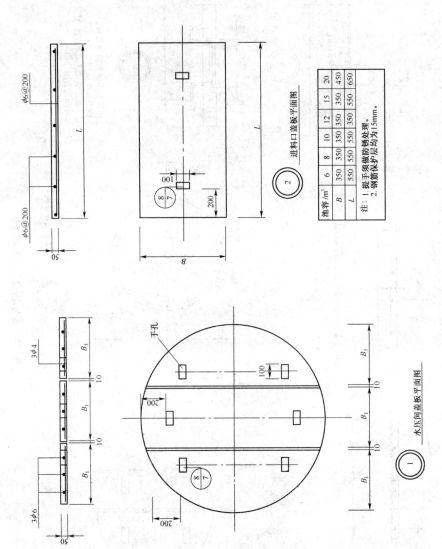

图22　贮粪池、进料口盖板

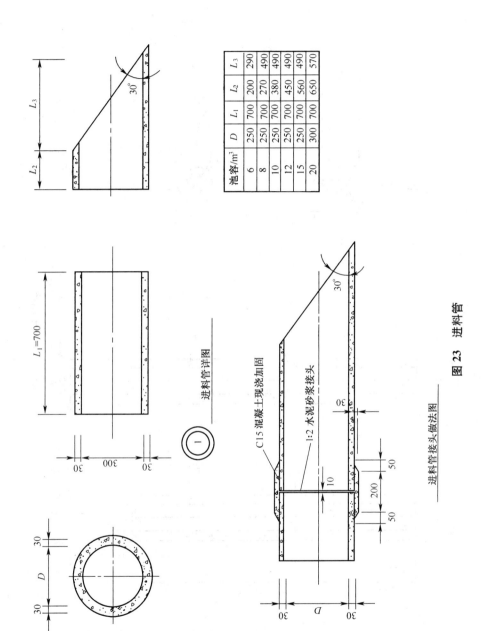

池容/m³	D	L₁	L₂	L₃
6	250	700	200	290
8	250	700	270	490
10	250	700	380	490
12	250	700	450	490
15	250	700	560	490
20	300	700	650	570

进料管详图

进料管接头做法图

图23　进料管

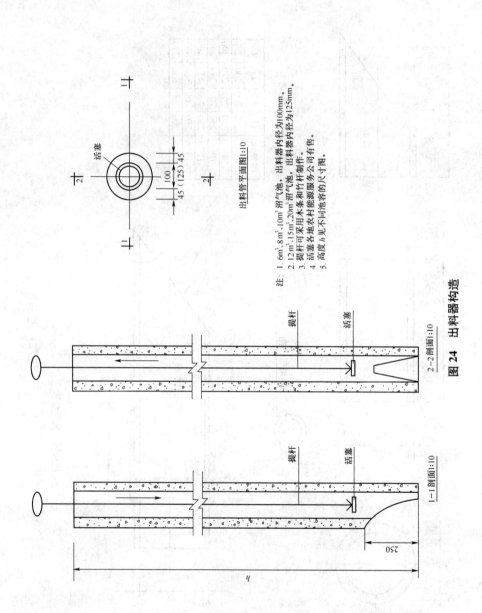

出料管平面图1:10

注：1. 6m³、8m³、10m³沼气池，出料器内径为100mm。
　　2. 12m³、15m³、20m³沼气池，出料器内径为125mm。
　　3. 提杆可采用木条和竹竿制作。
　　4. 活塞各地农村能源服务公司有售。
　　5. 高度h见不同池容的尺寸图。

2—2剖面1:10

1—1剖面1:10

图 24　出料器构造

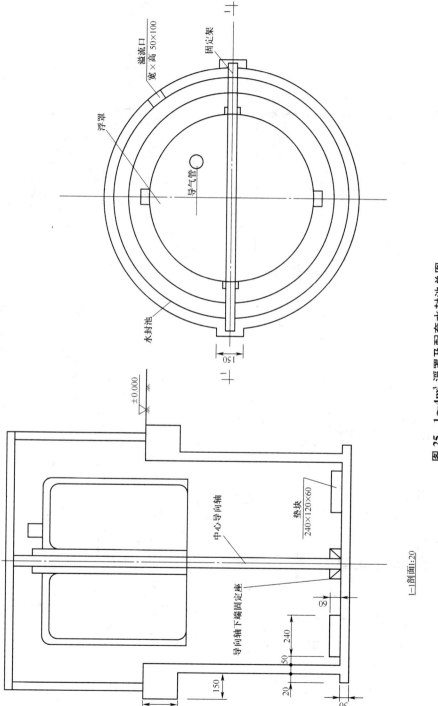

图 25　1~4m³ 浮罩及配套水封池总图

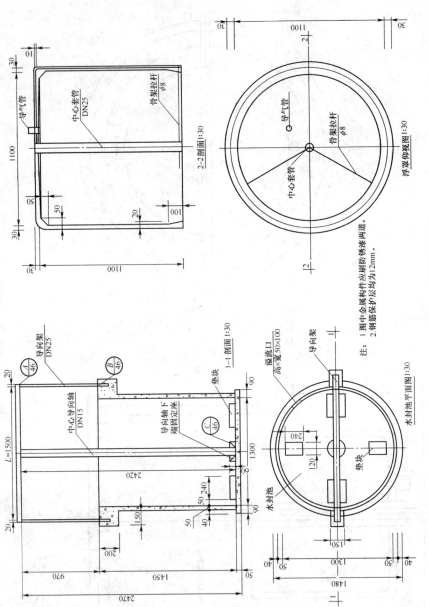

图26　1m³浮罩及配套水封池池型

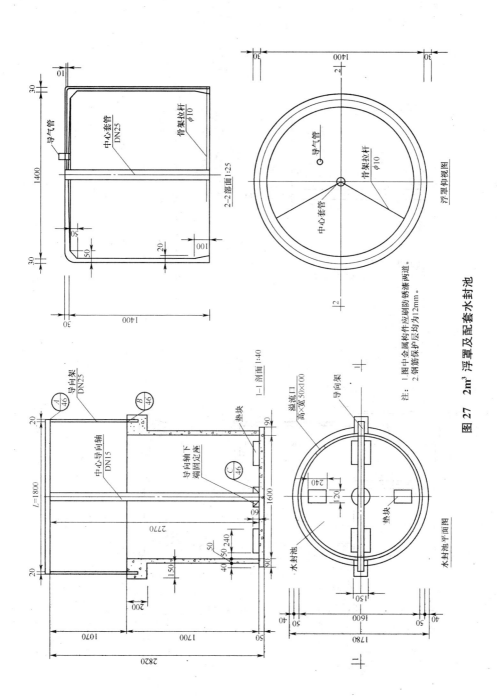

图 27 2m³ 浮罩及配套水封池

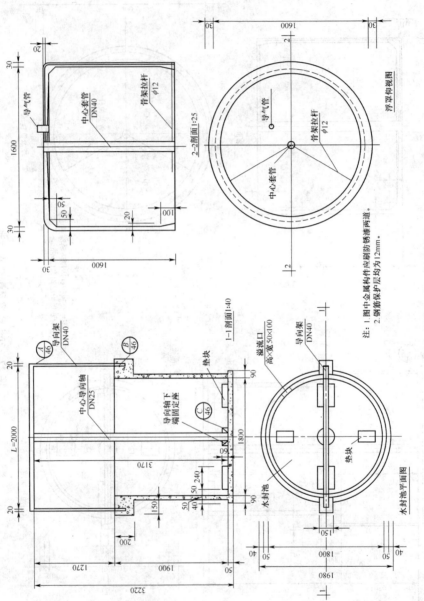

注：1. 图中金属构件应刷防锈漆两道。
　　2. 钢筋保护层均为12mm。

图 28　3m³ 浮罩及配套水封池

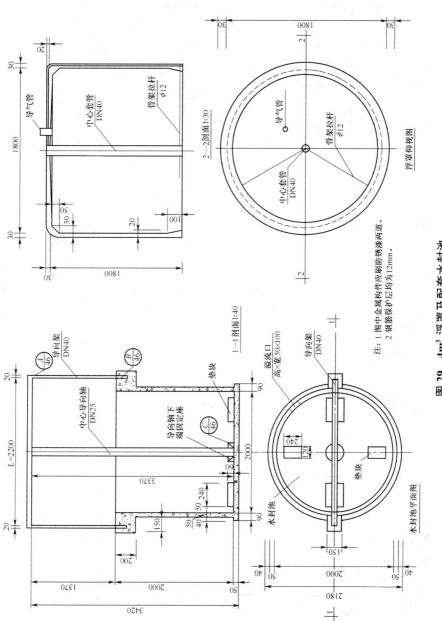

注：1. 图中金属构件应刷防锈漆两道。
　　2. 钢筋保护层均为12mm。

图 29　4m³ 浮罩及配套水封池

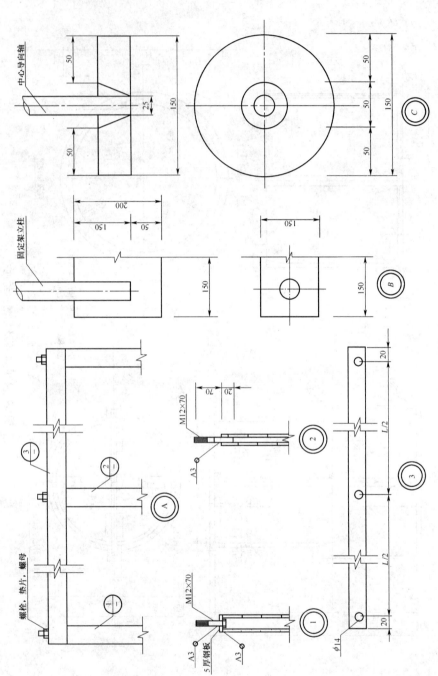

图 30　浮罩固定支架安装

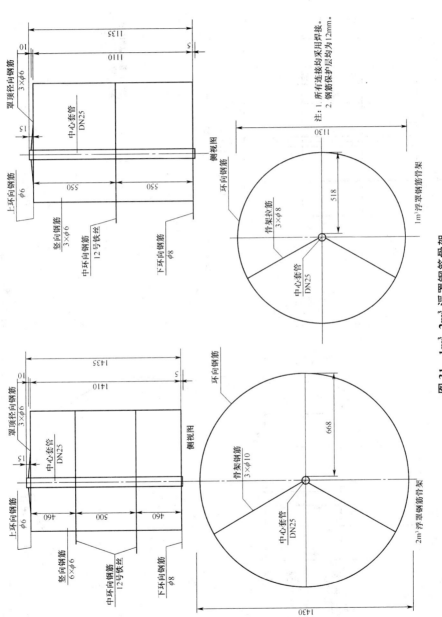

注：1. 所有连接均采用焊接。
2. 钢筋保护层均为12mm。

罩顶径向钢筋
3×φ6

中心套管
DN25

上环向钢筋
φ6

竖向钢筋
3×φ6

12号铁丝

中环向钢筋

下环向钢筋
φ8

侧视图

环向钢筋

骨架拉筋
3×φ8

中心套管
DN25

1m³浮罩钢筋骨架

罩顶径向钢筋
3×φ6

中心套管
DN25

上环向钢筋
φ6

竖向钢筋
6×φ6

12号铁丝

中环向钢筋

下环向钢筋
φ8

侧视图

环向钢筋

骨架钢筋
3×φ10

中心套管
DN25

2m³浮罩钢筋骨架

图31　1m³、2m³ 浮罩钢筋骨架

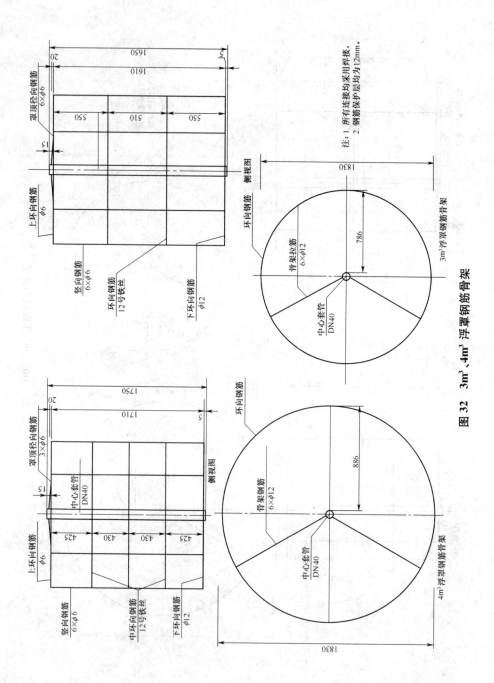

图 32　3m³、4m³ 浮罩钢筋骨架

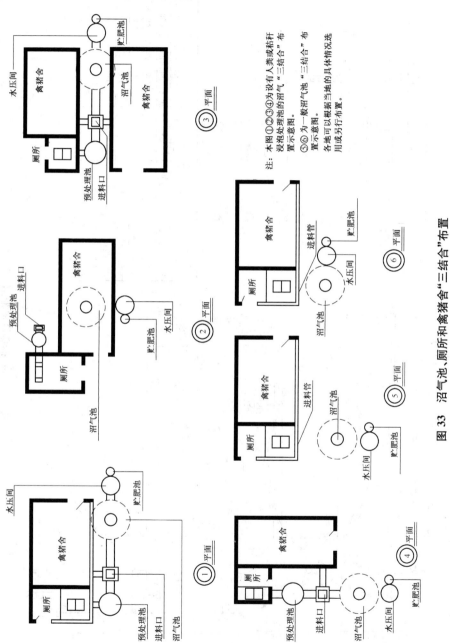

注：本图①②③④为设有人类或秸秆浸泡处理池的沼气"三结合"布置示意图。
⑤⑥为一般沼气池"三结合"布置示意图。
各地可以根据当地的具体情况选用或另行布置。

图33 沼气池、厕所和禽猪舍"三结合"布置

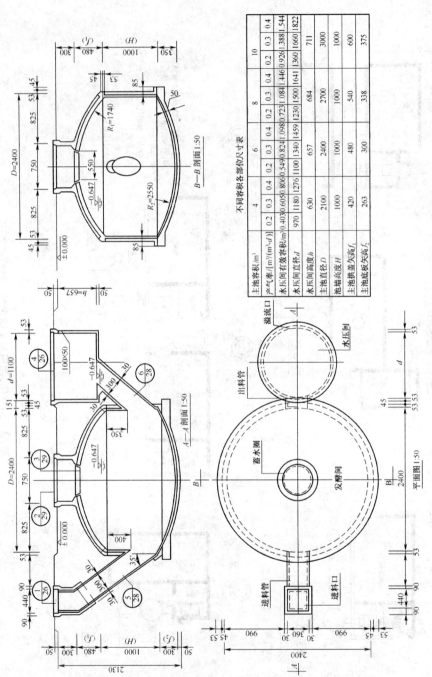

不同容积各部的尺寸表

主池容积/m³	4			6			8			10		
产气率/[m³/(m³·d)]	0.2	0.3	0.4	0.2	0.3	0.4	0.2	0.3	0.4	0.2	0.3	0.4
水压间有效容积/m³	0.403	0.605	0.806	0.549	0.824	1.098	0.723	1.084	1.446	0.926	1.388	1.544
水压间直径 d	970	1180	1276	1100	1340	1459	1230	1500	1641	1360	1660	1822
水压间高度 h	630			657			684			711		
主池直径 D	2100			2400			2700			3000		
池墙高度 H	1000			1000			1000			1000		
主池拱盖矢高 f_1	420			480			540			600		
主池底板矢高 f_2	263			300			338			375		

图 34　6m³ 砖砌圆筒形沼气池池型

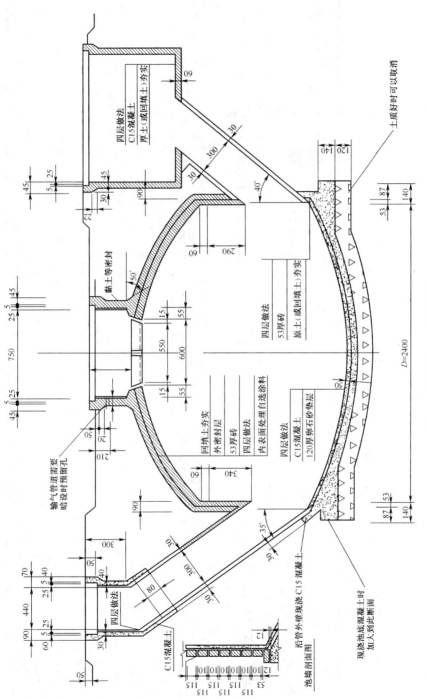

图 35　砖砌圆筒形沼气池构造

附录 2　沼气配套设备部分生产企业产品及通信地址明细表

产品名称	型　号	生产单位	地　址	邮编
电子点火灶	JZZ-Y 型双眼灶 JZZ-Y 型单眼灶	江西晨明实业有限公司	江西省南昌市红谷滩新区绿茵路 500 号丰和都会 3 号楼	330038
脉冲点火灶	JZZ-M 型双眼灶 JZZ-M 型单眼灶	江西晨明实业有限公司	江西省南昌市红谷滩新区绿茵路 500 号丰和都会 3 号楼	330038
电子点火枪		江西晨明实业有限公司	江西省南昌市红谷滩新区绿茵路 500 号丰和都会 3 号楼	330038
沼气评关总成		江西晨明实业有限公司	江西省南昌市红谷滩新区绿茵路 500 号丰和都会 3 号楼	330038
沼气热水器		江西晨明实业有限公司	江西省南昌市红谷滩新区绿茵路 500 号丰和都会 3 号楼	330038
沼气净化器		江西晨明实业有限公司	江西省南昌市红谷滩新区绿茵路 500 号丰和都会 3 号楼	330038
沼气脱硫器		江西晨明实业有限公司	江西省南昌市红谷滩新区绿茵路 500 号丰和都会 3 号楼	330038
沼气流量计		江西晨明实业有限公司	江西省南昌市红谷滩新区绿茵路 500 号丰和都会 3 号楼	330038
固液分离机		江西晨明实业有限公司	江西省南昌市红谷滩新区绿茵路 500 号丰和都会 3 号楼	330038
沼气饭煲		江西晨明实业有限公司	江西省南昌市红谷滩新区绿茵路 500 号丰和都会 3 号楼	330038
沼气取暖炉		河南省绿科新能源开发有限公司	河南省郑州市中州大道杨槐中街鸿福家园 7 号楼	450000
沼气压力表	U 型	河南省绿科新能源开发有限公司	河南省郑州市中州大道杨槐中街鸿福家园 7 号楼	450000